楽しい調べ学習シリーズ

数の関係大研究

黄金比から比例、対数関数まで

[監修] 清水美憲

PHP

はじめに

　明日の天気がどうなるかは、いつの時代でも、私たちの大きな関心事です。朝出かけるときに傘を持っていくかどうかを決めておきたいからです。また、農家が農作業をする場合は、雨が降るかどうかが仕事に大きく影響します。そのせいか、昔から、翌日の天気を予想するさまざまなことわざが残されています。

　たとえば、「ツバメが低く飛ぶと雨」ということわざがあります。いつもは高いところを飛んでいるツバメが低く飛ぶと、その後に雨になるという意味です。実際、雨が降りそうなときには、湿度が上がり、空気にふくまれる水蒸気が増えます。このとき、ツバメが食べる羽虫などは、羽が湿って重くなるため、低いところを飛ぶようになります。そのため、その虫を捕まえて食べるツバメも、いつもより低いところを飛ぶようなのです。これ以外にも、「夕焼けは晴れ」や「朝虹は雨」などのことわざがよく知られています。

　また、「ブラジルで一匹のチョウが羽ばたくと、テキサスでトルネード（竜巻）が起こる」という言葉があります。南半球のブラジルでの、一匹のチョウの羽ばたきの影響が、少しずつ積み重なって大きな変化が起こり、北半球のテキサスでトルネードが起こるというものです。アメリカの気象学者エドワード・ローレンツの仮説で、バタフライ効果とよばれます。これは、力の働きを考える物理学において、非常に小さな最初の動き（初期作用）が波及し、予測困難な結果をもたらすことを研究する「カオス理論」を象徴する表現なのです。わが国では、「風が吹けば桶屋がもうかる」ということわざもよく知られています。1つの出来事が巡りめぐって意外な結果を生むことがあるという、「因果」の複雑な関係を示す例として用いられてきました。

　このように、一見、関係がないようないくつかの出来事があるとき、私たちはその間に、実は因果関係や依存関係があって、2つの出来事は結びついているの

ではないかと考えます。1つの出来事の説明を、ほかの出来事に求めようとするのです。自然界に潜んでいる法則やカラクリの解明や発見、科学の進歩も、因果関係を探ろうとする科学者の探究心に支えられてきました。

自然界に潜んでいる因果関係は、天気予報はもちろん、春にスギ花粉が飛び始める時期と量についての予想、桜の開花やもみじの紅葉の時期の予想など、身近なところでも利用されています。地震や津波のような自然災害の発生、新型コロナやインフルエンザのような感染症の流行の予想にも、因果関係が調べられ、用いられています。

この本は、私たちの身のまわりのものやさまざまな出来事を、「関係」というメガネで見ることを目指しています。たとえば、カップに入っている熱い紅茶は、時間が経つと冷めていきます。これは、紅茶・部屋の温度と時間との関係で考えることができます。野球選手のバッターの成績（打率）は、試合に出てバッティングをした回数（打数）とヒット数との関係です。また、算数で登場する「円の直径と周の長さの関係」は、直径のことなる円でも一定で、それが「円周率」とよばれる定数であることを学習します。

数学では、上記のような数の関係を、いろいろな形でとらえて利用します。たとえば、2つの数の間の関係をとらえて数値化する「比」や「割合」などがあります。また、2つの数量の間の関係をとらえて利用する「関数」があり、とても重要なものです。

この本に登場する、さまざまな数の関係の例を通して、身のまわりのものや出来事を「関係」というメガネでながめてみましょう。きっと、そこにあるしくみが見えてくるはずです。それは、新しい数学の世界への入り口でもあります。

清水 美憲

もくじ

数の関係大研究

はじめに……2
この本の使い方……6

第1章 数の関係って何だろう

身のまわりにあるさまざまな関係……8
2つの数の関係……10
関数……12
比例・反比例……14
1次関数……16
曲線をえがく関数……18
図形に使われる関数……20

コラム 素数ゼミ……22

第2章 数の関係を見っけよう

2つの数の関係
- 黄金比・白銀比 ……24
- 図形の比 ……26
- お湯の温度 ……28

比例・反比例
- 行列の待ち時間 ……30
- 電子レンジの温め時間 ……32
- ウェーブ ……34

1次関数
- 段差のあるお風呂 ……36
- 標高と気温、大気圧 ……38

階段関数
- レンタル自転車 ……40

2次関数
- BMI ……42
- 高速道路の車間距離表示 ……44

指数関数
- 紙を100回折った高さ ……46

対数関数
- 地震のエネルギー ……48

三角関数
- スロープの勾配 ……50

本書に出てくる数学の基本と用語 ……52
さくいん ……55

この本の使い方

この本は、第1章、第2章と本書に出てくる数学の基本と用語で構成されています。

第1章 数の関係って何だろう

数の関係とは何か、関数とはどういうものか、身近な例をあげてしょうかいしています。

本文でしょうかいした数の関係にかかわる別の例などをしょうかいしています。

1見開き1テーマ
見開きごとに1つのテーマを取り上げて解説しています。

図版・イラスト・写真
表やグラフなどの図版、イラスト、写真を用いて、関係をしょうかいしています。

コラム
数と生き物とのふしぎな関係をしょうかいしています。

第2章 数の関係を見つけよう

身近な物事や現象などにかくれている数の関係の例をしょうかいしています。

本書に出てくる数学の基本と用語

中学生から学ぶ数学の基本と用語について説明しています。まだ習っていない言葉はここで確かめましょう。

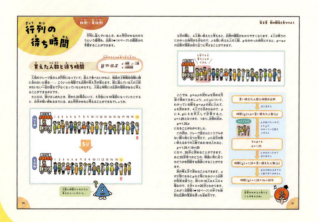

第1章

数の関係って何だろう

身のまわりにあるさまざまな関係

数と数のかかわり

ものの個数や時間、長さ、重さなど、目に見えるものから見えないものまで、生活の中にあるさまざまなものは数で表すことができます。それらの数には、ほかの数とかかわり合っているものがたくさんあります。人類はそれらの関係を見つけて、発明をしたり、未来を予測したりしています。

海は深くもぐるほど暗くなります。太陽の光が届かなくなるためです。「水面からの深さ」と「明るさ」の間には関係があります。その関係を数を用いてとらえることができます。

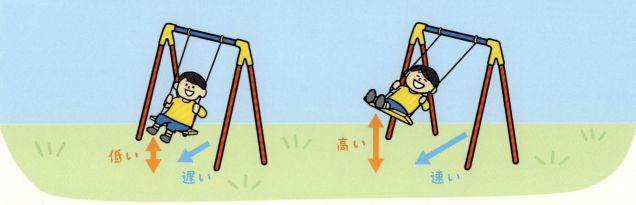

ブランコに乗っているとき、高くこげばこぐほど、地面の近くではスピードが出ています。ものが落ちるときの「高さ」と「速さ」には、高いところから落ちるほど地面の近くでの速さが速いという関係があります。

第1章 数の関係って何だろう

ものの影は太陽の位置によって長くなったり、短くなったりしています。昼間に通ったときには日なただった道が、夕方に通ると建物の影で日影になっているのを見たことはありませんか。

季節によって太陽の位置はことなりますが、「時刻」と「影の長さ」には関係があるといえます。

船には、さまざまな大きさのものがあります。水の上にうくことと、船の大きさに関係があるからです。

船は、上に向かってはたらく「浮力」という力で水の上にういています。その浮力の大きさは、水にしずんでいる部分の船の体積（船が押しのけた水の体積）によって変わり、船体が大きいほど大きくなります。

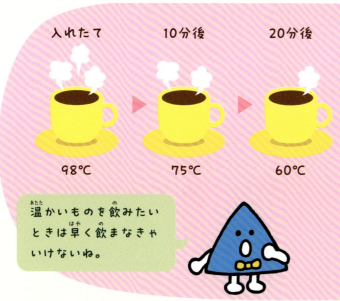

温かい飲み物を置いておくと、冷めていきます。冬場は冷めるのが速いので体感したこともあるのではないでしょうか。

温かいものは、周囲の温度との差が大きいほど速く冷えていくことがわかっています。飲み物の温度が高く、周りの温度が低いほど、急激に下がることになります。温かい飲み物の「温度」と冷める「時間」は関係しています。

2つの数の関係

割合

　2つの数の関係で、私たちが慣れ親しんでいるのは、**割合**です。割合とは、ある量をもとにして、くらべる量がもとの量の何倍にあたるかを表した数です。

　スーパーマーケットの洗剤売り場に、「3倍」と大きく書かれた商品があったとします。これは、通常売られている量を1とすると、その3つ分の量が入っていることを伝えています。もとになる量がわかっていて、その何倍かといわれると、実際の量がわかりやすいですね。量の関係は、すでに知っているものから、新しいものや、今知りたい量をとらえることに使われています。

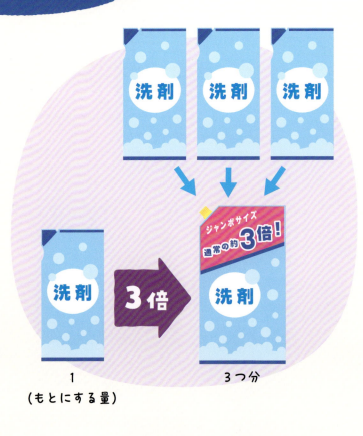

1
（もとにする量）　　　3つ分

　割合を表す1つの方法として、**百分率**があります。百分率では、もとにする量を1ではなく、100とし、100%（パーセント）と表します。

　お菓子のパッケージに20%増量と書かれていることがあります。20%は、もとにする量を100としたときの、20にあたる量（重さ）を表します。20%増量ということは、もとの重さを100として、それの20にあたる重さの分だけ増やした、つまり、もとの重さの120%の重さにしたということを伝えています。

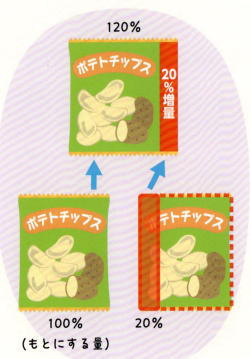

20%は、もとにする量が1のときは0.2と表されるね。

比

　割合は、比の形でも表すことができます。比は1：2（1対2）のように2つの数を使います。

　うすめるタイプのめんつゆには、めんつゆと水の割合を比で表しているものがあります。「めんつゆ：水を1：2」と書いてあれば、めんつゆの量を1とするとき、水はめんつゆの2倍の量を入れることを表しています。めんつゆが50mLのときは、水を100mL入れることになります。

　比の便利なところは、もとにする量を1としなくてもよいところです。もとにする量の1.5倍や1.25倍だとわかりにくい場面でも、2：3や4：5など、2つの数の関係を、2つの数を使って表すことができます。

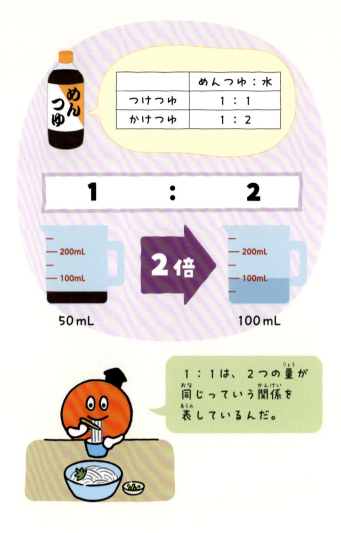

相似比

　図形にも比で表される関係があります。ある図形を、その形を変えずに一定の割合で大きくしたり小さくしたりした図形は、もとの図形と相似であるといいます。相似な図形の対応する長さの比を相似比といいます。

　相似比の便利なところは、どこを測っても比が変わらないことです。同じ形をしたマトリョーシカ（人形）の高さの比が4：3：2であることがわかれば、丸くて測りづらい横はばや上から見た頭の直径も、必ず4：3：2になっています。相似比を使うと、ビルの高さや大きな川のはばなど、ものさしでは測れない場所の長さを知ることもできます。

第1章　数の関係って何だろう

11

関数

関数という関係

2つの数の関係の中には、とくに関数と名前がついている関係があります。関数は、「原因と結果」のような関係です。たとえば、縦の長さが決まっている長方形の面積は、横の長さが決まると決まります。一定の速さで歩くときの道のりは、歩く時間が決まれば決まります。このように、1つの数を決めるともう一方の数が1つだけ決まる関係をいいます。

では、関数でないものはどんなものでしょうか。たとえば、年齢と体重の関係です。年齢を15歳と1つ決めても、40kgの人もいれば60kgの人もいます。このような関係は、関数ではありません。

関数には、自然現象の原理・原則になっているものもあれば、人がルールを決めてつくったものもあります。

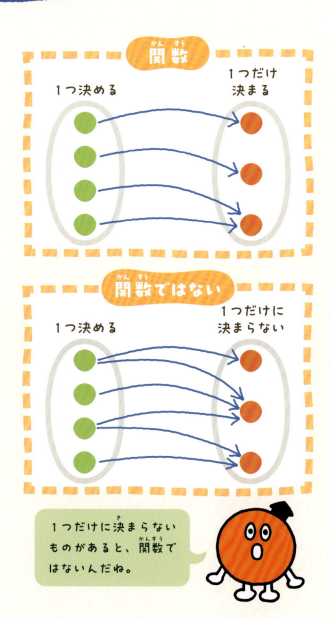

1つだけに決まらないものがあると、関数ではないんだね。

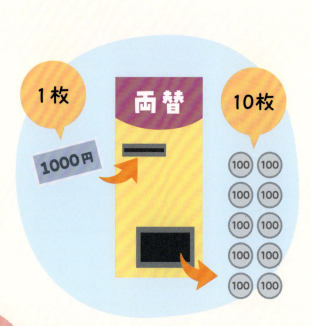

「関数」はもともと「函数」と表されていました。「函」とは「箱」のことです。ある数を入れると、決まった数が出てくる箱をイメージすることができます。両替機にたとえられることもあります。1000円札をすべて100円玉に替える両替機に1000円札を1枚入れたら、100円玉が10枚出てきます。入れる数が1のとき、出てくる数が10と決まっているのです。

第1章 数の関係って何だろう

式と表とグラフ

　たくさんある2つ穴ボタンの、穴の数を数えるとします。ボタンが1個のときは穴が2つ、ボタンが2個のときは穴が4つと増えていきます。ボタンの個数が決まれば、ボタンの穴の総数が決まります。

　では、ボタン100個のときの穴の数はいくつでしょうか。それを求めるときに便利なのが式です。関数では、先に決める数をx、対応して1つだけ決まる数をyで表します（さまざまな値になるので「変数」という）。

　この場合、ボタンの数がx、穴の数がyです。xとyを使って関係を文字式（➡53ページ）で表すと、

$$y = 2x$$

となります。ボタンが100個なら、xに100を代入（➡54ページ）します。すると、

$$y = 2 \times 100 = 200$$

と、穴の数yを求めることができます。式に表すことで、対応するただ1つの答えを計算で求めることができるのです。

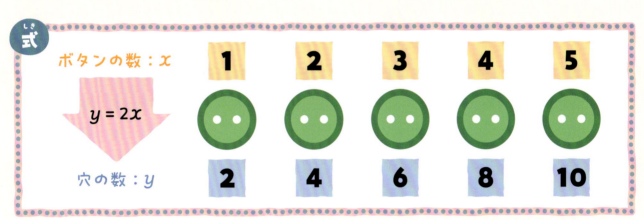

　身のまわりの関数を見つけるのに便利なのが、表とグラフ（➡54ページ）です。

　たとえば、線香を燃やす実験をして、表とグラフに表したとします。すると、時間の変化に対して線香の長さがどう変化するかがわかります。時間と線香の長さが関数の関係になっていることを、表やグラフから見つけられるのです。そして、その関係を式に表すことで、実験をしなくても、xに対応するyを見つけることができます*。このように、関数を見つけて、その関係を式に表すことで、その式を未来に起こることや遠くで起こっていることを予測する道具として使うこともできるのです。

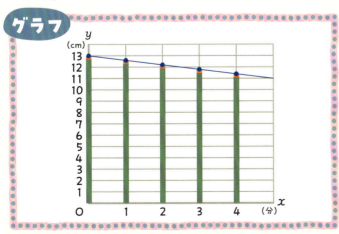

*この表とグラフから、$y = 13 - 0.4x$ という式で表される関数であることがわかる。

13

比例・反比例

比例

関数の中でも、よく使うものや便利な性質をもつものには、名前がついています。私たちに身近な関数の1つが比例です。xにある決まった数（「比例定数」という）をかけてyになる関数です。式で表すと、

$$y = a x$$
↑比例定数

となります。13ページのボタンの個数と穴の数の関係も$y=2x$の式で表される比例の関係です。

関数の関係があるのは、個数のように数えられる数だけではありません。長さや体積、時間などの数も関数で表すことができます。

たとえば、お風呂にお湯を入れはじめてからの時間x分と1分ごとに10Lたまるときの、たまったお湯の量yLを関数で表すと、

$$y = 10x$$

と書くことができます。関数の関係を式に表すことで、10分後に何Lたまるかや、いっぱいになるには何分かかるかを計算で求めることができます。

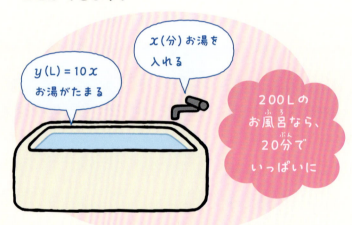

比例の特徴は、xが2倍になればyも2倍、xが3倍になればyも3倍になることです。これは、対応するyをxでわると、いつも同じ数になることを表していて、その数が式のaに入ります。グラフがいつも原点（→54ページ）を通る直線になるのも特徴です。

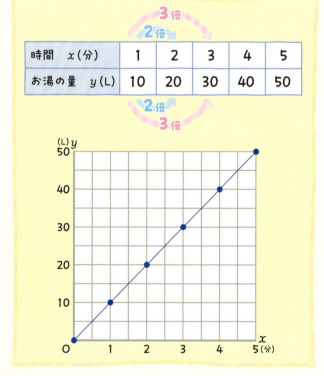

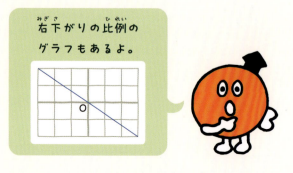

右下がりの比例のグラフもあるよ。

第1章 数の関係って何だろう

反比例

比例は決まった数とxをかけた数がyになりましたが、決まった数をxでわった数がyになる関数が、**反比例**です。

反比例の式は、次のように表されます。

$$y = \frac{a}{x} \leftarrow 比例定数$$

面積が200cm²分のビスケット生地があるとします。これを使って、長方形のビスケットを焼くときの縦と横の長さを考えます。

面積は[縦×横]で求められるので、xを縦、yを横とすると、xとyの関係の式は、

$$y = \frac{200}{x}$$

となります。xとyは反比例の関係です。

反比例はxを大きくするとyが小さくなる関係です。正方形に近い形やほそ長い形など、いろいろな長方形が考えられますが、式を使うと、きちんと計算で縦と横を決めてからビスケットをつくることができます。

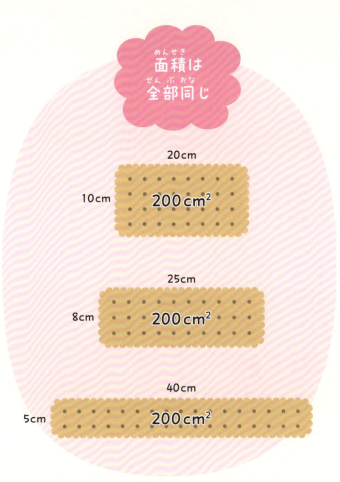

面積は全部同じ

縦 x(cm)	2	5	10	20	40	100
横 y(cm)	100	40	20	10	5	2

= 200 200 200 200 200 200

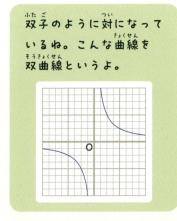

反比例の特徴は、対応するxとyをかけると、いつも同じ数になることです。その数が式のaに入ります。グラフは曲線になっていて、負の数（マイナス）の領域にも反転したグラフができます。また、xとyが0になることはありません。

双子のように対になっているね。こんな曲線を**双曲線**というよ。

15

１次関数

変化の割合が同じ関数

１個100円のりんごを x 個買ったときの代金 y 円は $y = 100x$ と表され、y は x に比例（➡14ページ）しています。では、そこに50円の袋をいっしょに買うと、比例しているでしょうか。実は、比例していません。x が２倍になったときに y も２倍になるのが比例の関係でしたが、右の表のとおり、袋の50円が加わることで、りんごの個数 x に対して代金 y は比例しなくなっています。とはいえ、x の増え方に対する y の増え方は比例のときと同じです。このときの関係を式で表すと、

$y = 100x + 50$

となります。

このような関係を**１次関数**とよびます。１次関数は、x に比例する部分（x に決まった数をかけた値）と**定数項**（➡53ページ）をたした値が y になる関係です。比例は、１次関数の定数項の値が０の特別な場合ともいえます。１次関数がどのような関数か、式、表、グラフを比例とくらべてみましょう。

$$y = \underset{\substack{x に比例\\する部分}}{100x} \underset{定数項}{+50}$$

式

比例

$y = 100x$

１次関数

$y = 100x + 50$

+50がたされる

変域と単位

関数は量と量の関係をとらえるのにとても便利です。しかし、式や表、グラフにして考えていると、実際の量について忘れてしまうことがあります。中学校からは負の数（マイナス）も習いますが、お風呂がたまるまでの時間とお湯の量を調べているときに、マイナスを考える必要はありませんし、浴槽が満杯以上になる量も考えません。変数である x や y の範囲を x の**変域**、y の**変域**といいます。式や表、グラフにして考える前に、変域を確かめましょう。

第1章 数の関係って何だろう

割合が一定のときは、比例と1次関数を分けずに考えてもいいね。比例のときは、特別に倍の考え方が使えることを知っておこう。

1次関数も比例も変化の割合は一定なところが同じだね。でも、xが0のときのyが0じゃないところがちがうね。

表

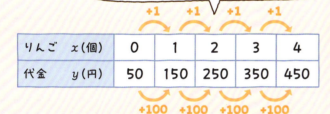

xが1増えるとyが100ずつ増えるのは比例と同じだけど、xが2倍になってもyは2倍にならない

グラフ

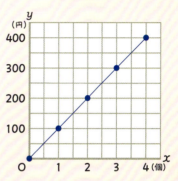

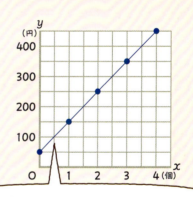

かたむきは比例と同じだけど、xが0のときyが0ではなく、定数項分、上か下（このグラフでは上）にずれている。このときのyの値をグラフでは切片という

また、さまざまな量の値をxやyという文字で表していると、xやyが何の量なのかを忘れてしまうことがあります。それぞれの単位を確かめて考えるようにしましょう。

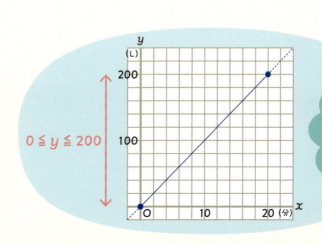

$0 \leqq y \leqq 200$

浴槽には0〜200Lしか入らない

曲線をえがく関数

2次関数

　1次関数はyがxに比例して変わる関係（➡16ページ）でしたが、yがx^2に比例して変わる関係を**2次関数**とよびます。x^2はxの2乗と読み、$x \times x$、つまりxを2回かけることを表します。

　2次関数をよく表している例が、落下です。なめらかな斜面でボールを転がしたとき、x秒後の転がった距離ymを調べると、yはxの2乗に比例していて、$y = ax^2$の式で表されます（aは比例定数）。

　中学校までは習いませんが、

$$y = ax^2 + bx + c$$

の式で表せる関係をすべて2次関数といいます（ただし、a、b、cは**定数**[*1]、$a \neq 0$）。

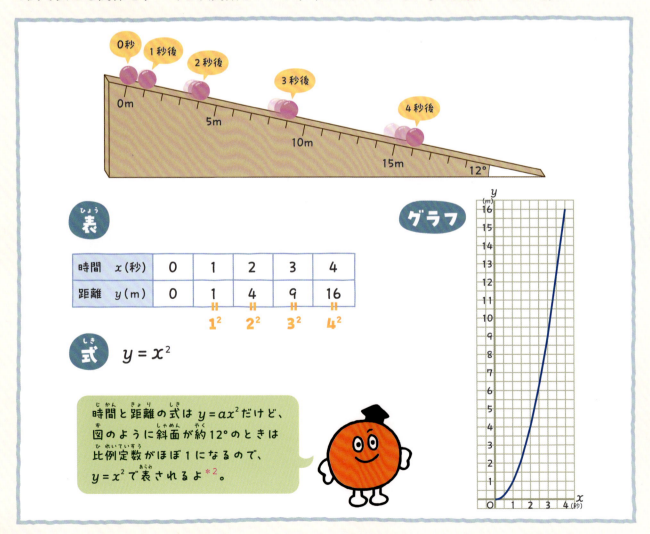

時間と距離の式は $y = ax^2$ だけど、図のように斜面が約12°のときは比例定数がほぼ1になるので、$y = x^2$で表されるよ[*2]。

[*1]　定数とは、1、2などの一定の数のこと。定数を文字式で表す場合は、次数の高い項（➡53ページ）からa、b、c……と順に割り当てることが多い。

[*2]　正確には、$y = \frac{1}{2} g \times \sin\theta \times x^2$で求められる。$g$は重力加速度で約9.8m/s²（メートル毎秒毎秒）、θは斜面の角度。sinは三角比の1つ（➡20ページ）。

第1章 数の関係って何だろう

指数関数

2次関数 $y=ax^2$ は x を2回かける関数でしたが、$y=a^x$ と表される関数を**指数関数**といいます（ただし、$a>0$、$a \neq 1$ のとき）。a を**底**、x を**指数**とよびます。たとえば $y=2^x$ は、2を x 回かける関数です。x が1増えるごとに y は2倍になるので、急激に増えていきます。グラフを見ても、x が少し増えると y が上に大きく伸びるグラフになることがわかります。

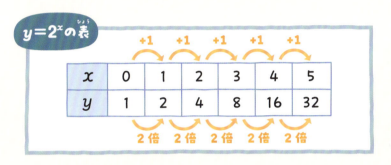

$y=2^x$ の表

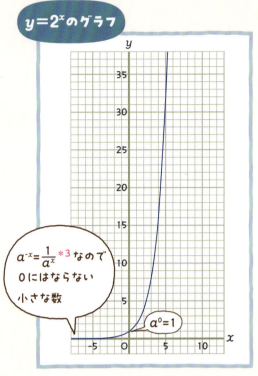

$y=2^x$ のグラフ

$a^{-x}=\frac{1}{a^x}$ *3 なので 0にはならない小さな数

$a^0=1$

対数関数

$8=2^3$ は、8は2を3乗したものであることを表しますが、2を何乗すれば8になるかを表すときは、**log（ログ）** という記号を使って、$\log_2 8=3$ と表します。一般的な式で、$y=$ で示すと、$y=\log_a x$ になります（ただし、$a>0$、$a \neq 1$、$x>0$ のとき）。この式の y を、a を底とする x の**対数**とよび、この式で表される関数を**対数関数**といいます。対数は、指数関数の指数に対応するもので、2つの関数は逆の関係にあります。たとえば、$y=\log_2 x$ の対数関数は、上の $y=2^x$ の指数関数のグラフを、$y=x$ の直線に対して対称な位置に移動させたグラフになります。

指数関数を $y=x$ の直線を折り目にして折りたたんだようなグラフになるのが対数関数なんだね。

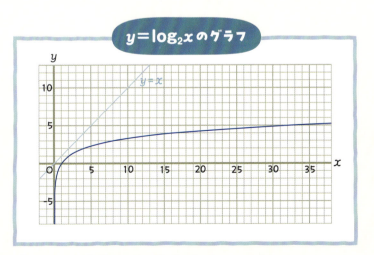

$y=\log_2 x$ のグラフ

*3 　$2^2 \times 2=2^3$ なので、$2^2=2^3 \times \frac{1}{2}$、$2^1=2^2 \times \frac{1}{2}$、$2^0=2^1 \times \frac{1}{2}=1$、$2^{-1}=2^0 \times \frac{1}{2}=\frac{1}{2}$、$2^{-2}=2^{-1} \times \frac{1}{2}=\frac{1}{4}=\frac{1}{2^2}$ になり、$a^{-x}=\frac{1}{a^x}$ になる。

図形に使われる関数

三角関数

図形にかかわる場面でよく使われるのが、三角関数です。名前のとおり、直角三角形の辺の比（三角比）をもとにした関数です。

直角三角形は直角以外の1つの角度が決まれば、形が決まります。三角形の大きさが大きくなったり小さくなったりしても、形は同じなので、三角比はいつも同じです。三角比とは、直角三角形の斜辺に対する高さ、斜辺に対する底辺、および底辺に対する高さの比のことで、それぞれsin（サイン）、cos（コサイン）、tan（タンジェント）という記号で表します。

三角比の定義

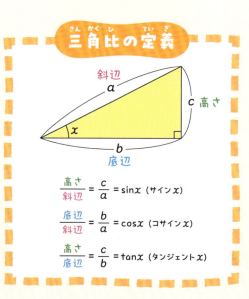

$$\frac{高さ}{斜辺} = \frac{c}{a} = \sin x （サイン x）$$

$$\frac{底辺}{斜辺} = \frac{b}{a} = \cos x （コサイン x）$$

$$\frac{高さ}{底辺} = \frac{c}{b} = \tan x （タンジェント x）$$

三角関数表

角度x(°)	sinx	cosx	tanx
0	0.0000	1.0000	0.0000
1	0.0175	0.9998	0.0175
2	0.0349	0.9994	0.0349
3	0.0523	0.9986	0.0524
4	0.0698	0.9976	0.0699
5	0.0872	0.9962	0.0875
6	0.1045	0.9945	0.1051
7	0.1219	0.9925	0.1228
8	0.1392	0.9903	0.1405
9	0.1564	0.9877	0.1584
10	0.1736	0.9848	0.1763
11	0.1908	0.9816	0.1944
12	0.2079	0.9781	0.2126
13	0.2250	0.9744	0.2309
14	0.2419	0.9703	0.2493
15	0.2588	0.9659	0.2679
16	0.2756	0.9613	0.2867
17	0.2924	0.9563	0.3057
18	0.3090	0.9511	0.3249
19	0.3256	0.9455	0.3443
20	0.3420	0.9397	0.3640
21	0.3584	0.9336	0.3839
22	0.3746	0.9272	0.4040
23	0.3907	0.9205	0.4245
24	0.4067	0.9135	0.4452

角度x(°)	sinx	cosx	tanx
25	0.4226	0.9063	0.4663
26	0.4384	0.8988	0.4877
27	0.4540	0.8910	0.5095
28	0.4695	0.8829	0.5317
29	0.4848	0.8746	0.5543
30	0.5000	0.8660	0.5774
31	0.5150	0.8572	0.6009
32	0.5299	0.8480	0.6249
33	0.5446	0.8387	0.6494
34	0.5592	0.8290	0.6745
35	0.5736	0.8192	0.7002
36	0.5878	0.8090	0.7265
37	0.6018	0.7986	0.7536
38	0.6157	0.7880	0.7813
39	0.6293	0.7771	0.8098
40	0.6428	0.7660	0.8391
41	0.6561	0.7547	0.8693
42	0.6691	0.7431	0.9004
43	0.6820	0.7314	0.9325
44	0.6947	0.7193	0.9657
45	0.7071	0.7071	1.0000
46	0.7193	0.6947	1.0355
47	0.7314	0.6820	1.0724
48	0.7431	0.6691	1.1106
49	0.7547	0.6561	1.1504

角度x(°)	sinx	cosx	tanx
50	0.7660	0.6428	1.1918
51	0.7771	0.6293	1.2349
52	0.7880	0.6157	1.2799
53	0.7986	0.6018	1.3270
54	0.8090	0.5878	1.3764
55	0.8192	0.5736	1.4281
56	0.8290	0.5592	1.4826
57	0.8387	0.5446	1.5399
58	0.8480	0.5299	1.6003
59	0.8572	0.5150	1.6643
60	0.8660	0.5000	1.7321
61	0.8746	0.4848	1.8040
62	0.8829	0.4695	1.8807
63	0.8910	0.4540	1.9626
64	0.8988	0.4384	2.0503
65	0.9063	0.4226	2.1445
66	0.9135	0.4067	2.2460
67	0.9205	0.3907	2.3559
68	0.9272	0.3746	2.4751
69	0.9336	0.3584	2.6051
70	0.9397	0.3420	2.7475
71	0.9455	0.3256	2.9042
72	0.9511	0.3090	3.0777
73	0.9563	0.2924	3.2709
74	0.9613	0.2756	3.4874

角度x(°)	sinx	cosx	tanx
75	0.9659	0.2588	3.7321
76	0.9703	0.2419	4.0108
77	0.9744	0.2250	4.3315
78	0.9781	0.2079	4.7046
79	0.9816	0.1908	5.1446
80	0.9848	0.1736	5.6713
81	0.9877	0.1564	6.3138
82	0.9903	0.1392	7.1154
83	0.9925	0.1219	8.1443
84	0.9945	0.1045	9.5144
85	0.9962	0.0872	11.4301
86	0.9976	0.0698	14.3007
87	0.9986	0.0523	19.0811
88	0.9994	0.0349	28.6363
89	0.9998	0.0175	57.2900
90	1.0000	0.0000	---

角度によって比は決まっているよ。

第1章 数の関係って何だろう

　たとえば山があって、その全体の大きさを知りたいとき、斜面の長さaと角度xを測れば、$\sin x$や$\cos x$を使って、高さcや水平距離bを求めることができます。また、大きな木の高さを知りたいとき、観察位置から木までの距離bと見上げる角度xを測れば、$\tan x$を使って高さcを求めることができます。三角関数はとても身近で便利な関数です。三角関数表にあるように、$\sin 60° =$ 約0.8660 など、角度によって比はいつも決まっています。

いろいろな関数のグラフ

　三角関数の $y = \sin x$ をグラフで表すと、x（角度）の変化にしたがって、yは1と-1の間で波のように上下をくり返します。このような関数を周期関数といいます。また、本書で紹介している以外にも、関数はたくさんあります。複雑な式を使う機会はないかもしれませんが、おもしろい形のグラフを見てみましょう。

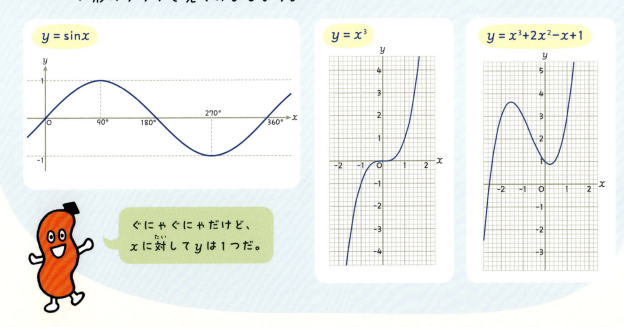

21

コラム 素数ゼミ

　数の関係は、自然現象や社会現象などに見つけることができますが、身近な生き物にも数の関係を見ることができます。アメリカに生息する「素数ゼミ」(周期ゼミ) とよばれるセミは、素数 (➡52ページ) によって現代までその種を残すことができました。

素数　1と自分自身だけを約数にもつ自然数
2　3　5　7　11　13　17　19　23　など

素数以外　1と自分自身以外にも約数をもつ自然数
4　6　8　9　10　12　14　15　16　18　など

　日本にいるセミは、地中にいる幼虫期間が2～7年で、同じ地域で毎年発生 (羽化) します。一方、素数ゼミは、同じ地域では素数である13年または17年に一度しか発生しません。これらのセミは地中にいる幼虫期間がとても長いのです。その原因となったのは氷河期です。氷河期は、幼虫期間を地中で過ごすセミにとってもきびしい環境でした。比較的暖かい場所に移動したものの、地中の養分が少なくなったため、幼虫の成長が遅くなり、地中で過ごす期間が長くなったのです。そんな中、ほかのセミより1年早く、あるいは1年遅く地上に出たセミは、交尾する相手がいないため、子孫を残せなくなります。一方で、同じ年に地上に出たセミは子孫を残すことができます。このようにして、比較的暖かかった場所で、同じ年に大量発生する周期ゼミが誕生したのです。

　はじめは、周期が13年や17年だけでなく、15年、16年、18年などのセミもいましたが、やがていなくなりました。それは、年数という数の関係によるものです。たとえば、15年ごとに地上に出る15年ゼミと18年ごとに地上に出る18年ゼミがいたとします。15と18は素数ではなく、1と自分自身のほかにも約数をもつため、最小公倍数が小さくなります。15と18の最小公倍数は90なので、15年ゼミと18年ゼミは90年に一度、同じ年に地上に出ます。すると、2種類のセミが交尾をして、子の周期がずれるのです。周期がずれて、ほかの15年ゼミや18年ゼミといっしょに地上に出られなかったセミは、氷河期のときと同じように交尾する相手がいないため、子孫を残すことができません。

最小公倍数

15年ゼミ	15・・・90・・・240・・255
16年ゼミ	16・・・144・・240・・・・272
17年ゼミ	17・・・・・・・255・・272・・306
18年ゼミ	18・・90・・144・・・・・・306

　素数も、公倍数をもたないわけではありませんが、ほかの数にくらべると最小公倍数が大きいので、ほかの周期のセミと出合う確率が低く、現代まで生き残ることができたのです。

第2章

数の関係を見つけよう

黄金比・白銀比

2つの数の関係

世界にある建造物や芸術、身のまわりにある文房具にも比（→11ページ）はかくれています。その中でも美しい、便利な比を見てみましょう。

黄金比

2つの数の関係を比で表すと

$$5:8 \quad \left(1:\frac{1+\sqrt{5}}{2}=1:1.618\cdots \rightarrow 5:8\right)$$

世界でもっとも有名な比の1つが**黄金比**です。黄金比は整数で表すと5：8となる比のことで、人間がもっとも美しいと感じる比とされています。ミロのヴィーナスやエジプトのピラミッド、ギリシャのパルテノン神殿など、歴史に残る多くの芸術や建造物に黄金比はかくれています[*1]。さらに、植物の育ち方や昆虫のからだ、天体の動き、人間のDNA[*2]にも黄金比にかかわる不思議があり、たくさんの科学者や芸術家をひきつけました。

パルテノン神殿
正面壁の高さと幅が黄金比。

高さと幅が 5：8

昔から今まで、いろいろなところに黄金比がかくれているね！

また、現代のクレジットカードやトランプ、名刺など、私たちの身近なところにも黄金比が使われています。デザインの分野でも利用されており、企業のロゴには黄金比がかくされていることがあります。身近なマークに黄金比がかくされていないか、探してみましょう。

貴金属比

黄金比は、貴金属比の1つです。貴金属比とは、

$$1:\frac{n+\sqrt{n^2+4}}{2} \quad (n=1,2,3,\cdots) \quad (\sqrt{}\text{は「ルート」と読む})$$

で表される比で、黄金比は、n に1が入ったときの比です。

$$\frac{1+\sqrt{5}}{2}=1.618\cdots$$

なので、1：1.618…を整理して整数で表すと、5：8になります。

[*1] ミロのヴィーナスは、つま先からへそとつま先から頭の先までの比、ピラミッドは、高さと底辺の比が黄金比とされている。
[*2] 細胞核にあるデオキシリボ核酸の略称で、遺伝情報の本体。

第2章 数の関係を見つけよう

白銀比

2つの数の関係を比で表すと
$1 : \sqrt{2}$

一般的に日本人は黄金比より白銀比のほうを好むのではないかといわれています。白銀比とは、$1:\sqrt{2}$の比のことです。$\sqrt{2}$は「ルート2」と読み[*3]、約1.414の数です。白銀比は大和比ともよばれ、古くから日本の建造物や美術品に用いられてきました。現代でも、東京スカイツリーの高さは白銀比になっています。日本でつくられたキャラクターは、黄金比より白銀比のように、正方形に近い四角いものが多いといわれます。

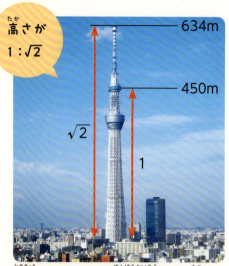

高さが$1:\sqrt{2}$

東京スカイツリー　天望回廊までの高さとタワーの高さが白銀比。

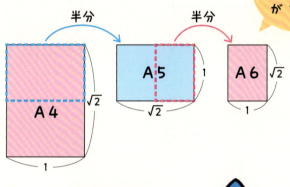

縦と横（横と縦）が$1:\sqrt{2}$

AOからA10まであるよ。

白銀比は、便利な比として生活の中でも使われています。ノートやコピー用紙のサイズであるA4やA5の縦と横の比は白銀比になっています。そして、A4を半分に折るとA5、A5を半分に折るとA6というように、半分に折ったサイズが同じ比のまま小さくなります。白銀比の長方形は半分にしても形が変わらないので、同じ形のまま拡大や縮小ができることや、紙を余らせずに使えるなどの便利な点があります。

曲尺

$1:\sqrt{2}$は正方形の辺と対角線の比でもあります。その性質を活用しているのが曲尺というものさしです。通常の目盛りを$\sqrt{2}$倍にした角目という目盛りがついており、丸太から角材を切り出すときに、1辺が何cmの正方形の角材になるかを測ることができます。

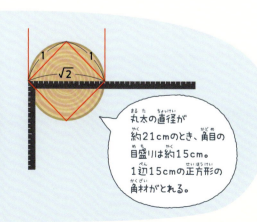

丸太の直径が約21cmのとき、角目の目盛りは約15cm。1辺15cmの正方形の角材がとれる。

[*3] 2乗（平方）するとある数aになる数をaの平方根という。$\sqrt{}$（ルート）は平方根を表す記号で根号とよばれる。2の平方根は$\sqrt{2}$と$-\sqrt{2}$で、どちらも2乗すると2になる。

図形の比

2つの数の関係

私たちが日常で目にするもの（物体）には、面積や体積があります。ここでは、相似な図形の面積や体積の大きさの関係を見ていきます。

面積比

相似な2つの図形の面積を比で表すと

$$m^2 : n^2 \quad (\text{相似比が } m:n \text{ のとき})$$

下のようなピザがある場合、Mサイズ3枚とLサイズ2枚では、どちらがたくさん食べられるでしょうか。相似比（直径）（→11ページ）で考えると、24:30 = 4:5なので、4×3と5×2で、Mサイズ3枚のほうが多そうです。計算で考えてみましょう。

m^2は「mの2乗」と読んで、$m \times m$のように、mを2回かけるよ。mやnも、いろいろな数を代入できる文字だよ。

形が同じ相似な図形では、面積の比にも決まった関係があり、**面積比**で表されます。図形の長さの比である相似比に対して、面積比は相似比の2乗の比になります。

Mサイズ（直径24cm）3枚　　Lサイズ（直径30cm）2枚

	Mサイズ	Lサイズ
相似比（直径）	4	5
面積比	4^2 ↓ 16	5^2 ↓ 25

Mサイズ3枚　　　　Lサイズ2枚

16 × 3 = 48　　　25 × 2 = 50　多い!!

面積比でくらべると、Lサイズ2枚のほうが多いことがわかりました。実際に［半径²×3.14×枚数］で面積を計算すると、Mサイズ3枚は約1356cm²、Lサイズ2枚は1413cm²と、Lサイズ2枚のほうが多いことがわかります。

コピー機

A4の紙をA3に拡大したいとき、面積は2倍になりますが（→25ページ）、コピー機の設定は141%（1.41倍）となっています。面積比が1:2のとき、長さの比（相似比）は$1:\sqrt{2}$になるからです。$\sqrt{2} = 1.41\cdots$なので、141%拡大となるのです。
このように、面積比から相似比を考えることもできます。

面積比　$1 : 2 = 1^2 : (\sqrt{2})^2$
↓
相似比　$1 : \sqrt{2}$

第2章 数の関係を見つけよう

体積比

相似な2つの図形の体積を比で表すと

$m^3 : n^3$ （相似比が $m:n$ のとき）

面積比と同じように、**体積比**を考えることができます。体積比は、相似比の3乗の比の関係になります。

特大のシュークリームをつくるとき、横幅を普通サイズの2倍にしようとすると、中に入れるクリームの体積は2^3（2×2×2＝8）倍になります。普通サイズのときのクリームが10gの場合、80gのクリームが必要です。

逆に、クリームを1.2倍にしたいときはどうでしょう。体積比が1：1.2になるときの相似比はおよそ1：1.06なので、生地はあまり大きくしなくてよいことがわかります。

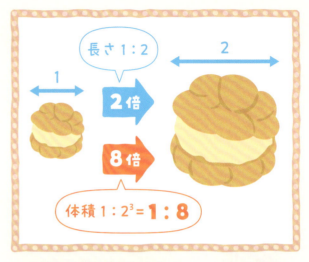

サイズを2倍にしようと思ったら、8倍のクリームがいるなんて、おどろきだね！

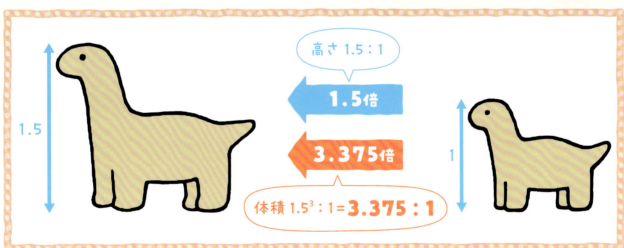

ねん土で大小の恐竜をつくりたいときのねん土の量も、体積比を用いて予想することができます。恐竜の高さの比を1.5：1にしたい場合、恐竜の体積比は1.5^3：1になります。

　1.5×1.5×1.5＝3.375

なので、小さいほうに使うねん土の3.375倍の量のねん土が必要になることがわかります。

1.5倍のねん土では全然足りない！

27

お湯の温度

2つの数の関係

一定の温度のお湯をつくりたいときは、水の温度と量の比の関係を使うことができます。

水とお湯を混ぜる

水温計が手元にない場合、50℃のお湯をつくるにはどうすればいいでしょうか。このような場合は、比を使いましょう。

0℃の冷水と100℃の熱湯を準備します。0℃の冷水は氷水から氷を取り除いて、100℃は水を沸騰させてつくることができます。冷水と熱湯を1：1の量で混ぜると、ちょうど半分の温度の50℃のお湯ができます。

これは、熱が温度の高いところから低いところに移動し、その熱の量全体は変わらないという性質によるものです。熱を水全体でならしているのです。

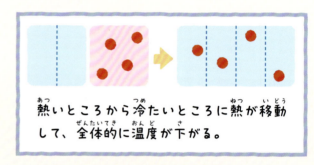
熱いところから冷たいところに熱が移動して、全体的に温度が下がる。

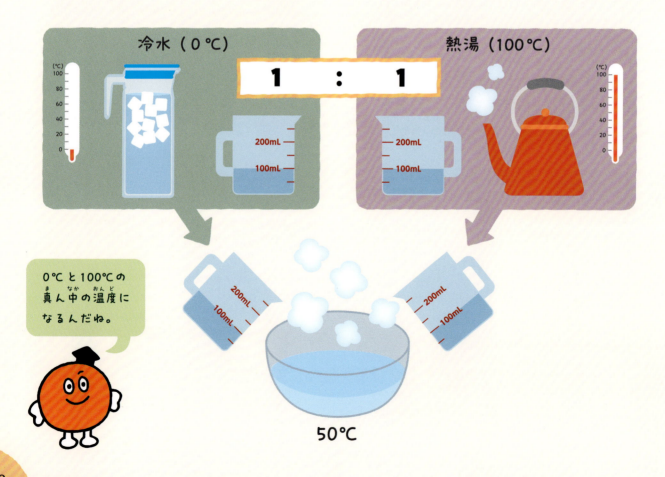

0℃と100℃の真ん中の温度になるんだね。

逆比

m:nを逆比で表すと

$$n : m \left(\frac{1}{m} : \frac{1}{n}\right)$$

パンをつくろうと思ってレシピを見ると、「40℃のお湯」と、お湯の温度が書かれていることがあります。

パンの材料（例）
強力粉………200g
砂糖…………10g
ドライイースト…4g
塩……………3g
お湯(40℃)……120mL

お湯の温度を40℃にするには、冷水と熱湯の温度と量の関係を使います。1：1で混ぜると、0℃と100℃の半分の50℃になるように、冷水と熱湯を混ぜる量の比によって、温度を調整することができます。冷水と熱湯を3：1で混ぜると、0℃と100℃の温度差を1：3に分けた25℃になります。この1：3を3：1の逆比といいます。逆比はもとの比の逆数の比で、逆数とは、その数にかけると1になる数のことです。この逆数の比の両辺に3をかけて、1：3となります。

3：1の逆比は $\frac{1}{3} : 1 = 1 : 3$

逆比を使って40℃のお湯をつくります。40℃は0℃と100℃の温度差を2：3（40：60）に分けた温度です。2：3の逆比は3：2なので、冷水を3、熱湯を2の割合で混ぜます。全体で120mL必要な場合、それぞれの量は次のようになります。

冷水：$120 \times \frac{3}{5} = 72$ （mL）

熱湯：$120 \times \frac{2}{5} = 48$ （mL）

適量のお湯がつくれるね！

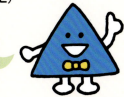

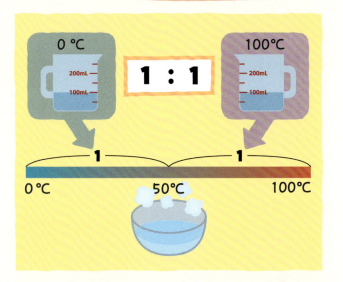

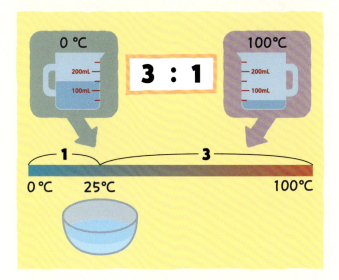

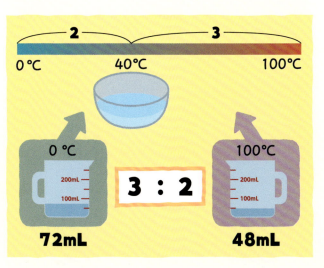

行列の待ち時間

比例・反比例

行列に並んでいるとき、あと何分かかるのだろうという疑問も、比例（➡14ページ）の関係から予想することができます。

買えた人数と待ち時間

比例する2つの量を式で表すと

$$y = ax$$

y：時間　x：人数　a：比例定数

　人気のクレープ屋さんが行列になっていて、並んで食べたいけれど、映画の上映開始時間に間に合わないと困る……。こういった場面でも比例の考え方が使えます。前に並んでいる人の人数がだいたい一定の速さで少なくなっているとみなすと、人数と時間には比例の関係があると考えることができるからです。

　たとえば、並びはじめたとき、前から20番目にいて、5分後には16番目になっていたとすると、自分が買い終わるまでには、あと何分かかると考えることができるでしょうか。

人数と時間をどのように考えたらいいだろう。

第2章　数の関係を見つけよう

　5分の間に、4人買い終えたと考えると、比例の関係がわかりやすくなります。4人が買うのにかかった時間が5分なので、xを買い終えた人の人数、yをかかった時間とすると、$y=ax$の比例の関係が成り立つと考えることができます。

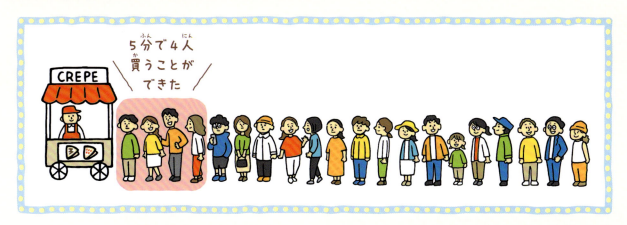

　ここでは、$y=ax$の式のaを求める方法で求めてみましょう。xとyについて、わかっている数を$y=ax$の式に入れて、aを求めます。4人で5分かかるので、xに4、yに5を代入して計算すると、$a=1.25$となります。つまり、比例の式は、

$y=1.25x$

になることがわかりました。
　この式は、クレープ屋さんにトラブルがない限り成り立つと考えて、xに自分が買い終えるまでの人数である16を入れると、

$y=1.25×16=20$

になり、20分と求めることができます。あと20分待つかどうか、映画に間に合うかどうかを判断する目安にすることができます。
　別の考え方で求めることもできます。xが2倍になるとyも2倍になるという比例の性質を使うと、残りの16人は4人の4倍なので、5分×4＝20分とわかります。これが1次関数（→16ページ）の中でも特別な比例の性質を使った求め方です。

目安がわかると待てることがあるよね。

電子レンジの温め時間

比例・反比例

キッチンは関数の宝庫です。電子レンジの温めも、反比例（➡15ページ）の関係を使えば、適切な時間で温めることができます。

電子レンジの反比例の関係を式で表すと

$$y = \frac{a}{x}$$

y：時間　x：出力
a：比例定数

電子レンジの出力と時間

食品を電子レンジで温めるときは、商品に書かれている温め時間を見ますね。そこには「500W（ワット）で4分」などの表記があります。Wは、「出力」といい、単位時間に使われるエネルギー、つまり温める力を表しています。たとえば、200Wなどの低い出力は、解凍したり、じっくりと加熱したりする場合に使われます。また、1000Wなどの高い出力は、調理済みの食品を短い時間で温め直すときなどに適しています。電子レンジの多くは、W数を選べるようになっています。

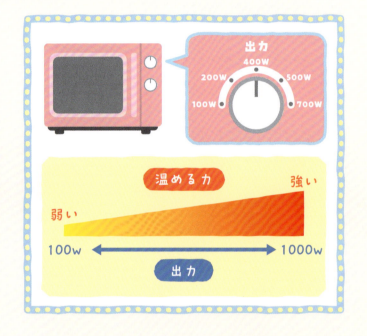

出力	調理時間
500w	4分
600w	3分20秒
1000w	2分

温める商品に複数の出力と時間が書かれていることがあります。その場合、出力が弱い場合は長い時間、出力が強い場合は短い時間が書かれています。温める力が弱いときには長く、強いときには短くすることで、温めるために使う全体のエネルギーを同じにしているのです。つまり、出力と時間には反比例の関係があるのです。

出力が2倍になると、時間が半分になっているから、反比例の関係だね。

第2章 数の関係を見つけよう

温める時間を求める

温めたい食品に書かれている出力が、家にある電子レンジにない場合には、反比例の関係を使って、温める時間を求めることができます。「600Wで5分」と書かれていて、家の電子レンジが500Wだった場合に、温める時間を何分にすればよいか考えてみましょう。

出力と時間は反比例しているので、出力をx、時間をyとして、反比例の式に表すと、

$$y = \frac{a}{x}$$

になります。関数のよいところは、aの数がわかれば、どんなxを入れてもyが求められるところです。aの数は、食品に書かれている出力と時間から求めます。反比例は、対応するxとyをかけた数がいつも一定でaになるので、$xy = a$とも表せます。ここでは、

$$a = 600 \times 5 = 3000$$

つまり、この食品の反比例の式は、

$$y = \frac{3000}{x}$$

です。関数の式がわかったので、500Wのときの時間を求めましょう。xに500を入れると、

$$y = \frac{3000}{500} = 6$$

になるので、温める時間は6分です*。

このように、2つの量の関係がわかり、式で表すことができれば、わからない量も求めることができます。

出力と時間は反比例
↓ 式に表すと

時間(y) = $\dfrac{a}{出力(x)}$

↓ aが知りたいので、xとyにわかっている数を入れると

$a = 600 \times 5$

↓ aがわかったので式に表すと

時間(y) = $\dfrac{3000}{出力(x)}$

↓ 500Wのときの時間は

時間(y) = $\dfrac{3000}{500}$ = 6分

---

*ここでは時間の単位を分にしているが、実際のエネルギーはW（ワット）×時間（秒）で表され、単位はJ（ジュール→48ページ）になる。ジュールで表したい場合は、5分を300秒として、aを180000にすれば、500Wの出力の場合は360秒（6分）と求められる。

ウェーブ

比例・反比例

人の動きも、そこに規則性があれば、関数を使って考えることができます。

ウェーブにかかる時間

ウェーブにかかる時間は
$$y = ax$$
y：時間　x：人数
a：比例定数

スポーツ観戦などの場面で、観客が順番に両手を上げて立ち上がって座るという応援があります。遠くから見ると、波が伝わっているように見えるので、ウェーブとよばれています。そこにいる人全員が協力して行うので、盛り上がる応援方法の1つです。

このウェーブを200人で1列になってやるとしましょう。たとえば、ウェーブに合わせて音楽を流す、ウェーブの最後にみんなで声を合わせて叫ぶといった演出を加えるとしたら、ウェーブが端から端まで伝わるのにかかる時間を知る必要があります。そこで、一定の速さで波が伝わるように、ウェーブのやり方をそろえ、少人数で1人あたりにかかる時間を調べてみましょう。

ウェーブの方法

1. 隣の人が立ちはじめたら、手を上げながら立つ
2. ひざがのびるまで完全に立つ
3. 手を下ろしながら座る

少人数で試した結果

人数 x(人)	10	20	30
時間 y(秒)	2.5	5	7.5

ウェーブが伝わる速さ(1人あたりの動作にかかる時間)が一定だとすると、参加する人数と全体のウェーブにかかる時間は比例（→14ページ）するといえます。また、最後にみんなで声を出す時間を加えるとすると、全体でかかる時間は、1次関数（→16ページ）です。

ここでは、ウェーブが伝わる速さが比例定数 a になります。少人数で試した結果(左の表)から a を求めると、0.25になるので、200人のときの時間は、
$$y = 0.25 \times 200 = 50(秒)$$
と求めることができます。ウェーブの速さ(1人あたりの動作にかかる時間)が一定であれば、それを比例定数として、全体のウェーブにかかる時間は人数の関数として考えることができるのです。

次々に立つと、波が動いているように見えるよ。

第2章 数の関係を見つけよう

動画の作成

5秒の動画に使う写真の枚数は

$$y = 5x$$
（y：枚数　x：フレームレート）

　私たちが目にする動画は、たくさんの静止画をとても速く切りかえることで動いているように見えています。静止しているものを少しずつ動かして写真を撮り、動いているかのように見せるストップモーション動画という動画もあります。

　たとえば、ストップモーション動画を撮るとき、5秒の動画をつくるためには、何枚の写真が必要でしょうか。写真が5枚だけでは、1秒に1枚しか切りかわらないので、あまり動いているようには見えません。50枚の写真なら、1秒に10枚の写真が切りかわるので、少しなめらかな動きに見えるでしょう。

　1秒間に切りかえる写真の枚数のことを、フレームレートといい、10枚のときは10fps*と表します。なめらかに動いているように見えるのは30fpsくらいだとされています。5秒間で30fpsの動画をつくるとすると、写真は何枚必要でしょうか。枚数y（枚）とフレームレートx（fps）は比例の関係にあり、$y = 5x$で表されます。この式から、
　　$5 \times 30 = 150$（枚）
となります。ストップモーション動画であれば、少しかくかく動いているほうがよい場合もあるので、フレームレートを少し小さくしてつくってみてもいいかもしれません。

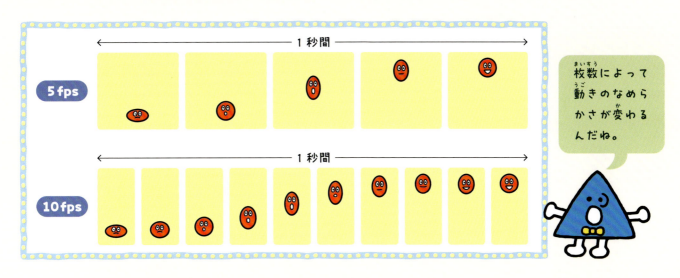

枚数によって動きのなめらかさが変わるんだね。

　すでに100枚の写真があって、これを何秒の動画にするかを考えたいときは、時間y（秒）とフレームレートx（fps）が反比例（➡15ページ）の関係にあることを考えて、次の式を立てます。
$$y = \frac{100}{x}$$
　この式から、フレームレートを10fpsにすれば10秒の動画になり、フレームレートを20fpsにすれば、5秒の動画になることがわかります。
　このように比例と反比例の関係は、さまざまな場面で利用できるのです。

＊frames per secondの略。

35

段差のあるお風呂

1次関数

段差がついているお風呂（浴槽）にお湯を入れるとき、たまった高さとかかった時間にはどんな関係があるでしょうか。

お湯の高さとかかった時間

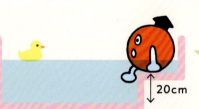

たまったお湯の高さとかかった時間は

$0 \leq x \leq 20$ のとき $y = ax$

$20 < x \leq 40$ のとき $y = bx + c$

y：時間（分）　x：高さ(cm)
a、b：比例定数　c：定数

浴槽にお湯を入れる時間とたまったお湯の量に比例の関係があることは、14ページでもお話ししました。浴槽の中には、右のように段差のあるものがあります。たとえば、この浴槽に40cmの高さになるようにお湯を入れる場合、たまったお湯の高さとかかった時間にはどんな関係があるでしょうか。

満杯にならないようにためたいな。何分かかるだろう。

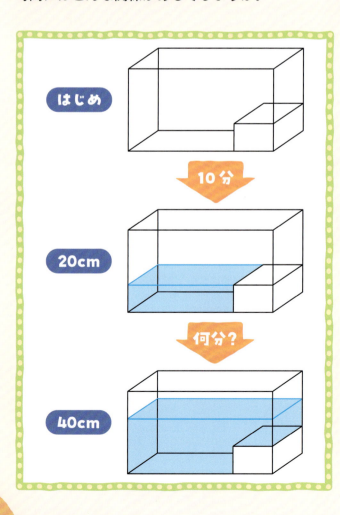

入れはじめてから、段差のある20cmの高さまでたまるのに10分かかったとします。たまったお湯の高さx(cm)とここまでの時間y(分)の関係を式で表すと、比例定数aは1cmたまるのにかかる時間から0.5なので、

$$y = 0.5x$$

となります。たまったお湯の高さとかかった時間が比例の関係になっています。このまま同じようにたまっていくとすると、残り20cmの高さのお湯がたまるのに、同じように10分かかると考えられますが、そうでしょうか。残り20cmの高さのお湯がたまるのに、どのくらい時間がかかるでしょうか。

段差の上と下では、上から見たときの面積がちがうね。

第2章 数の関係を見つけよう

段差の下で1cmたまるお湯の量と、段差の上で1cmたまるお湯の量はちがいます。お湯の容積は[底面積×高さ]なので、下のほうより底面積が広い上のほうが、1cmたまったときのお湯の量は多くなります。つまり、お湯が1cmたまるのにかかる時間は、底面積が広い上のほうが長くなります。

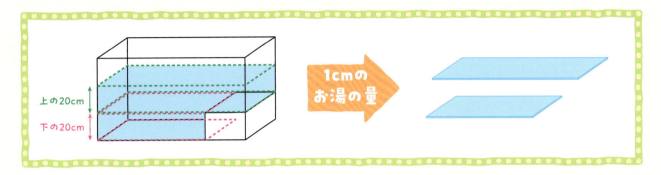

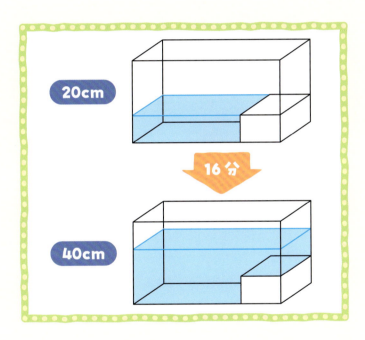

20cmの段差を越えて40cmまでたまるのに16分かかりました。ここでの比例定数 b は0.8になります。

そうすると、段差を越えてから40cmたまるまでの、たまったお湯全部の高さ x（cm）とかかった全部の時間 y（分）の関係は、段差までの20cmとそれにかかった時間を考えて、次のように計算できます。

$$y = 0.8 \times (x - 20) + 10$$

整理すると、次の式になります。

$$y = 0.8x - 6$$

浴槽の段差の下と上では、1cmたまるのにかかる時間がちがいましたが、どちらも1次関数の式で表すことができます。このようなときは分けて考えましょう。たまったお湯の高さ x（cm）の変域（→16ページ）が $0 \leq x \leq 20$ のときは $y = 0.5x$、$20 < x \leq 40$ のときは $y = 0.8x - 6$ と考えることができ、グラフにすると右のようになります。変わった形ですが、変域を区切って考えると、それぞれは1次関数になっているといえます。

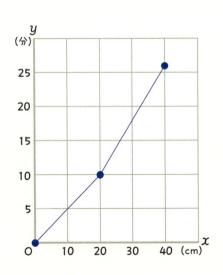

37

標高と気温、大気圧

1次関数

自然現象の中にはたくさんの1次関数（→16ページ）があります。標高と気温、大気圧もその1つです。

標高と気温

標高が高い場所の気温を求める式は

$$y = a - 0.6 \times \frac{x}{100}$$

y：気温（℃）
a：基準の気温（℃）
x：標高差（m）

富士山にはじめて登ろうと決めたとして、どんな服装で行けばよいでしょうか。7月や8月の夏場で、平地の気温が30℃近くでも、山頂の気温は0℃近くになるため、長袖の服や上着が必要です。標高が100m高くなるごとに、気温は約0.6℃低くなるからです。標高と気温には1次関数の関係があるのです。この関係は、基準とする標高での気温（℃）をa、気温を知りたい標高と基準とする標高との差をx（m）とすると、上に示した式で表すことができます。

富士山を登りはじめる地点とされる5合目は、標高2300mです。すでに気温は平地よりも低い状態ですが、体を動かすことで暑くなることも考えて、汗をかいたら脱げるくらいの服装で登りはじめるといいかもしれません。しかし、実際の気温は、標高だけでなく天候によっても変わります。また、山の上は風が強いため、体感温度はさらに下がるので注意が必要です。

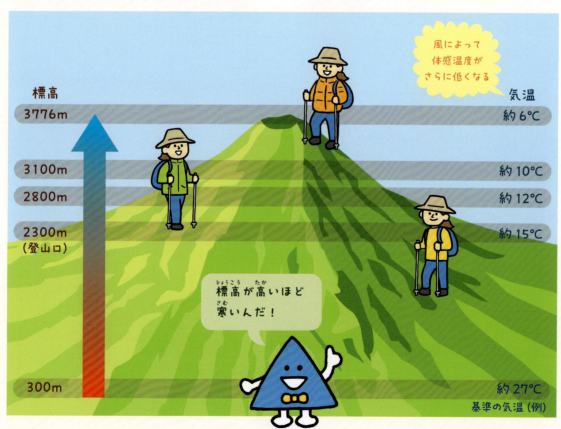

第2章 数の関係を見つけよう

標高と大気圧

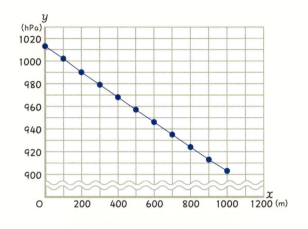

標高から大気圧を求める式は

$$y = 1013 - 10 \times \frac{x}{100}$$

$0 \leqq x \leqq 3000$

y：大気圧(hPa)
x：標高(m)

高いビルや展望台に上がったときや、標高の高い地域に行ったときに、耳がつまったようになることがあります。この現象も、気温と同じように標高と関係しています。大気による圧力を大気圧とよび、大気圧は、標高０ｍ（海水面）で約1013hPa（ヘクトパスカル）[1]あります。hPaは圧力を表す単位です。大気圧は、標高3000mくらいまでは、標高が100m高くなるごとに約10hPa下がるため、大気圧と標高には１次関数の関係があります[2]。この関係は上に示した式で表すことができます。

標高が高い場所に行って耳がつまったようになるのは、大気圧が耳の鼓膜の中の気圧より低くなって、鼓膜の内外の気圧に差が生じるためです。空気は気圧の高いほうから低いほうに移動するため、鼓膜が内側から押されているのです。

標高と大気圧の関係をグラフに表すと右下がりの１次関数になるよ。

東京スカイツリー
天望回廊
450ｍ
約960hPa

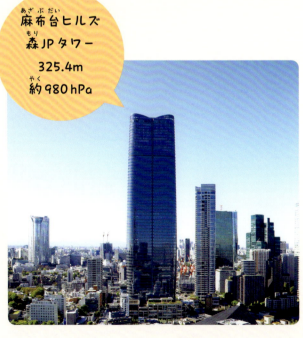

麻布台ヒルズ
森JPタワー
325.4ｍ
約980hPa

[1] hPa…h（ヘクト）は100を表す接頭語。Pa（パスカル）は１m²の面積あたり１N（ニュートン）の力が作用するときの圧力。１Nは質量１kgの物体に１m/s²の加速度を生じさせる力。
[2] 標高と大気圧は、くわしくいうと指数関数の関係にある。飛行機が飛ぶ標高１万ｍでも地上の５分の１くらいの気圧がある。

レンタル自転車

階段関数

第1章で紹介した関数のグラフはどれもつながった線でしたが、線が途切れたグラフになる関数もあります。

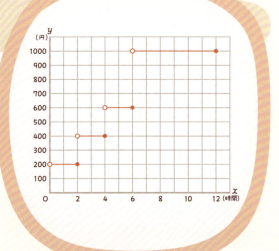

レンタル時間と料金のグラフは

レンタルの時間と料金

旅行先などで自転車を借りて、いろいろな場所を観光するのは、旅行の1つの楽しみ方ですね。レンタルの自転車の料金は、2時間までは200円など、時間によって設定されていることがあります。このとき、時間と料金は関数の関係になっています。それは、時間 x を決めると、料金 y がただ1つ決まるからです（➡12ページ）。では、料金が次のような設定になっている場合、時間と料金はどのような関数になるでしょうか。

時間	料金
2時間まで	200円
4時間まで	400円
6時間まで	600円
12時間まで	1000円

時間と料金の関数をグラフに表すと、右のようになります。これまで紹介した関数とことなり、つながった線ではありませんが、x に対し y がただ1つ決まるグラフになっています。このような関数を**階段関数**とよびます。

階段みたいなグラフになったね。

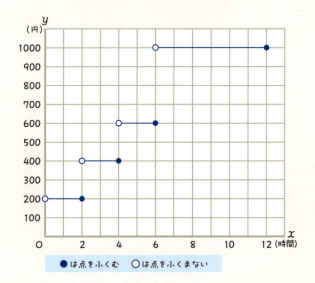

●は点をふくむ　○は点をふくまない

宅配料金

　荷物を送るときの宅配料金も、サイズや重さによって料金が決まっています。次の料金表の場合、宅配料金を1700円までにしたいと思うと、最大で何kgまでの荷物にすればよいでしょうか。5kg超から10kgまでが1500円で、10kg超から15kgまでが1800円です。10kgを超えると予算オーバーになり、10kgちょうどにすれば1500円なので、1700円以内でもっとも重い荷物になります。予算は決まっているけど、たくさん送りたいときは、料金表を読み取ることが大切ですね。

重さ	料金
2kgまで	800円
5kgまで	1200円
10kgまで	1500円
15kgまで	1800円
20kgまで	2000円
20kg超	2500円

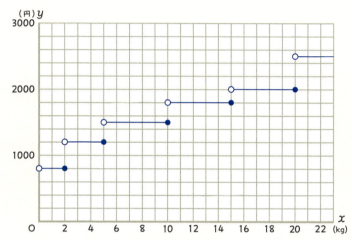

通信料金プラン

　スマートフォンなどの通信料金には、使用する通信量によって料金が変わるプランもあります。Aプランは通信量（GB：ギガバイト）によって段階的に料金が上がり、Bプランは通信量にかかわらず定額というプランの場合、何をポイントにして選べばよいでしょうか。グラフにすると、どちらがお得かがわかりやすくなります。6GBまでならAプランのほうが安く、6GB超ならBプランのほうが安くなります。2つの関数をくらべたいときは、グラフに表すのがおすすめです。

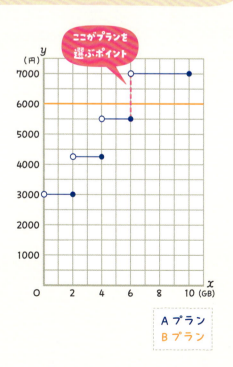

使用する通信量がどれくらいかで選ぶといいね。

BMI

2次関数

体が太っているかどうかを知るための指標にBMIというものがあります。高校生以上が対象になる指標ですが、どういうものか見てみましょう*。

身長と体重の関係

BMIはBody Mass Indexの略で、日本では体格指数といいます。身長と体重の関係から計算される値に対して、肥満度の判定区分がもうけられていて、下の表のように「普通体重」「肥満（1度）」といった判定が設定されています。判定基準は国によってことなり、日本では日本肥満学会が設定しています。

BMIの計算方法は、次のようになります。自分の身長と体重をこの式に入れて計算すれば、今の体格がどの判定になるのかがわかります。

$$BMI = \frac{体重}{身長^2}$$ （体重はkg、身長はm）

BMI (kg/m²)	判定
18.5 未満	低体重
18.5 以上 25.0 未満	普通体重
25.0 以上 30.0 未満	肥満（1度）
30.0 以上 35.0 未満	肥満（2度）
35.0 以上 40.0 未満	肥満（3度）
40.0 以上	肥満（4度）

出典：肥満症診療ガイドライン2022

目安として自分の体格を知っておくといいね。

*小・中学生の肥満を測定する指標には、ローレル指数というものがある。

第2章　数の関係を見つけよう

標準体重

標準体重を求める式は

$$y = 22x^2$$

y：標準体重(kg)　x：身長(m)

　成長して身長があまり変わらなくなると、BMIは体重で決まることになります。標準体重（適正体重）はBMIが22とされているので、BMIが高い場合、目標値として、BMIが22になるときの体重を知っておくといいかもしれません。
　身長が150cmの人と170cmの人の標準体重を求めてみましょう。BMIが22になるときの身長と体重の関係を式に表すと、

体重＝22×身長² （身長はm）

になります。この式から体重は身長の2次関数（➡18ページ）であることがわかります。

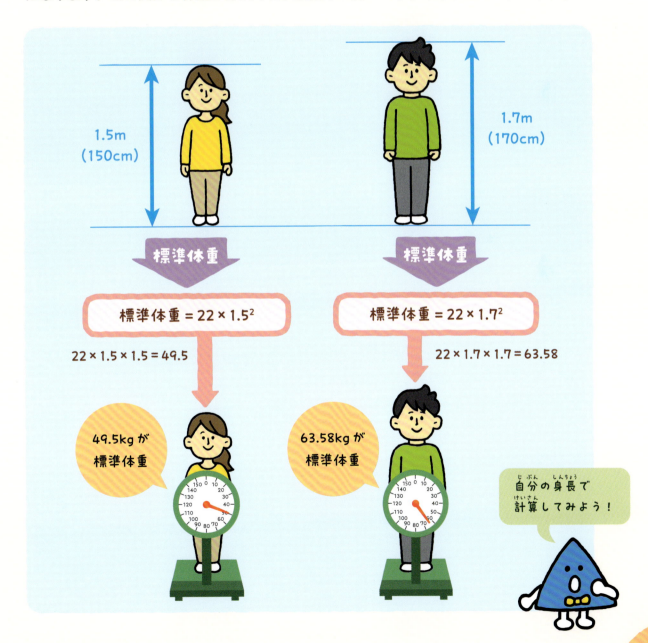

自分の身長で計算してみよう！

43

高速道路の車間距離表示

2次関数

高速道路を走っていると、道路脇に0m、50mといった数字が書かれた看板が立っているのを見ることがあります。何のためにあるのでしょうか。

自動車が停止するまでの距離

自動車が停止するまでには
停止距離＝空走距離＋制動距離

自動車の免許をとるときには、制限速度について教えられ、止まる練習をします。自動車はブレーキを踏むと減速しますが、踏んですぐに停止できるわけでありません。運転者がブレーキを踏もうと思ってからブレーキがききはじめるまでの距離を空走距離、ブレーキがききはじめてから自動車が停止するまでの距離を制動距離といい、2つを合わせた距離を停止距離とよびます。空走距離は1次関数（➡16ページ）、制動距離は2次関数（➡18ページ）で計算できます。

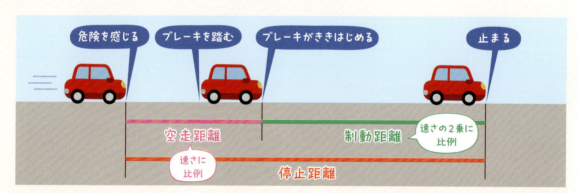

まず、運転者がブレーキを踏もうと思ってから、実際にブレーキを踏んでブレーキがききはじめるまでに、平均で0.75秒かかるとされています。この0.75秒の間、車は同じ速度で走っているので、これに時速 x (km) をかけると、空走距離 y (m) が求められます。

$$y = \frac{1000}{3600} \times 0.75 \times x$$

（時速を秒速に、kmをmにするために [1000/3600] をかけた）

この式から、時速60kmで走っているときの空走距離は12.5mであることがわかります。

時速	空走距離
時速 10km	2.08m
時速 20km	4.17m
時速 30km	6.25m
時速 40km	8.33m
時速 50km	10.42m
時速 60km	12.5m
時速 70km	14.58m
時速 80km	16.67m
時速 90km	18.75m
時速 100km	20.83m

12.5mも進むんだ！

第 2 章 数の関係を見つけよう

次に、制動距離 y (m) は時速 x (km) の 2 乗に比例する 2 次関数で、次の式で求められます。

$$y = \frac{1}{178} x^2$$

(比例定数の $\frac{1}{178}$ は摩擦にかかわる係数で、路面とタイヤの状態でことなる)

時速60kmの場合の制動距離は、約20.22mです。時速が60kmのときの空走距離と制動距離をたすと、

12.5m ＋ 20.22m ＝ 32.72m

となります。ブレーキを踏もうと思ってから実際に止まるまでに、30m以上も進むことがわかります。

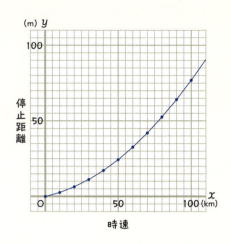

時速	空走距離	制動距離	停止距離
時速 10km	2.08m	0.56m	2.64m
時速 20km	4.17m	2.25m	6.42m
時速 30km	6.25m	5.06m	11.31m
時速 40km	8.33m	8.99m	17.32m
時速 50km	10.42m	14.04m	24.46m
時速 60km	12.5m	20.22m	32.72m
時速 70km	14.58m	27.53m	42.11m
時速 80km	16.67m	35.96m	52.63m
時速 90km	18.75m	45.51m	64.26m
時速 100km	20.83m	56.18m	77.01m

速度が速いほど、停止するまでに距離が必要なんだ！

上の表から、時速が速いほど、停止するまでの距離が長くなり、時速80kmで走っている場合、停止するまでに52.63m必要なことがわかります。実際、路面が乾燥していて、タイヤが新しい場合で、時速80km走行での車間距離は80mが目安とされています。高速道路には、運転者が目で車間距離を確認できるよう、道路脇に車間距離確認表示板が設置されています。表示板の間隔は、制限速度が時速80kmのところでは40mごと、時速100kmのところでは50mごとです。自動車を運転するときは、前を走る車との車間距離を十分とることが大切です。

紙を100回折った高さ

指数関数

$y = a^x$ で表される指数関数（→19ページ）は、日常のさまざまな場面に存在します。その例をいくつか紹介します。

紙を100回折った高さ

紙を100回折ったときの高さの式は

$$y = a \times 2^x$$

y：高さ（mm）　a：紙の厚さ（mm）
x：折った回数（回）

関数を使えば、実際にはできないことを計算で予想することができます。たとえば、紙を折るとどんどん厚くなります。実際にやってみると、すぐに厚みが増して折れなくなり、意外と折れないことを実感すると思います。紙の厚さを0.1mmとして、100回折ったときの厚みの高さ y（mm）を求める式を立てると、

$$y = 0.1 \times 2^{100}$$

となります。1回折ると0.1の2枚分、2回折るとその倍の4枚分です。2を、折った回数分かけた数に0.1mmをかけています。はじめは0.2mm、0.4mmと少しずつ高くなりますが、30回で約100km、さらに折ると宇宙に出て、100回で134億光年もの高さになります[*1]。x が100という身近な数にもかかわらず、y が想像もつかない大きさになるのが指数関数です。

42回で月を通過
51回で太陽を通過

雑菌の増殖

1時間で2倍になる雑菌の数を求める式は

$$y = 2^x$$

y：雑菌の数　x：時間

食事の前には、雑菌を防ぐために手を洗いますね。雑菌とは、かぜをひいたり、お腹が痛くなったりする原因にもなる微生物のことです。その中でも単細胞の細菌は、細胞分裂によって数が増えていきます。

たとえば、1時間に1回分裂するような細菌がいたとすると、1時間後には1つの細菌が2つに、2時間後には2つの細菌がそれぞれ分裂して4つになります。その増え方は指数関数になっています。

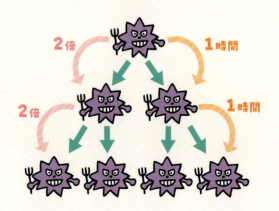

[*1] $2^{100} ≒ 1.27 \times 10^{30}$ で紙の厚さ0.1mmを乗じて単位をkmにすると、1.27×10^{23} km。これを1光年（約 9.46×10^{12} km）で除すると、約 1.34×10^{10} ＝134億光年。
地球から月までの平均距離は約38万km、太陽までの平均距離は約1億5000万km。

第2章 数の関係を見つけよう

音階と音の高さ

ピアノの音階の周波数の式は

$$y = 27.5 \times 2^{\frac{1}{12}(x-1)}$$

y：音の高さ（周波数：Hz）
x：左端の鍵盤からの順番（$1 \leq x \leq 88$）

音は、周波数[*2]が大きいほど高い音に、小さいほど低い音になります。ある音を基準にして、周波数が2倍になる音を1オクターブ（「ラ」から次の「ラ」など）高い音といい、その間の音階（半音）は、一般的には1オクターブを12等分したものになっています（「平均律」という）。そのため、となり合う音階は、周波数が$2^{\frac{1}{12}}$（約1.06倍）高いか低い関係になっています。

ピアノの鍵盤は88個あり、中央近くの「ラ」の音の周波数が、標準音として440Hzになるよう設定されています。1オクターブ低い「ラ」は220Hz、1オクターブ高い「ラ」は880Hzです。もっとも左にある鍵盤の「ラ」の音は27.5Hzなので、左端の鍵盤（音階）からの順番をxとすると、それぞれの音階の周波数y（Hz）は、以下の式で表すことができます。

$y = 27.5 \times 2^{\frac{1}{12}(x-1)}$ （$1 \leq x \leq 88$）

この式と下のグラフからわかるように、音階と音の高さ（周波数）には指数関数の関係があります。また、弦は短いほど高い音が、長いほど低い音が出るので、周波数とは逆の関係です。そのため、グランドピアノを上から見ると、周波数の指数関数グラフを左右逆転させたような形になっています。ただ、理論的には低音域がもっと長い弦になるため、弦の太さや張り方を変えることで、短くしているのです。

音楽にも関数がかかわっているんだね。

ピアノの弦の長さは1オクターブ高くなるごとに半分に

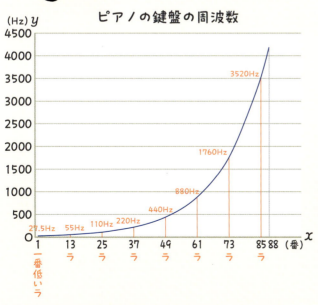

図は「ド」（オレンジ色の鍵盤）の一般的な弦の長さの理論値。

[*2] 音の波が1秒間に振動する回数のことで、ヘルツ(Hz)という単位で表す。

地震のエネルギー

対数関数

$y = \log_a x$ で表される対数関数（→19ページ）は、指数関数と逆の関係になっています。どんなものに表れるのか、見てみましょう。

マグニチュードはエネルギーの対数

マグニチュードから地震のエネルギーを求める式は

$$\log_{10} E = 4.8 + 1.5M \quad [1]$$

E：エネルギー（J）　M：マグニチュード

　地震の大きさを示す単位には、一般的に「震度」と「マグニチュード」があります。震度はある地点の揺れの強弱の程度を表すもので、0～7の10階級（5と6は「弱」と「強」がある）があり、その定義は気象庁が定めています。震度はある地点の揺れなので、震源からの距離や地盤の状況などで変わります。

　一方、マグニチュードは地震自体の規模を表す単位で、地震計の振幅や波形などから計算されます。このマグニチュードと地震のエネルギーには、エネルギー（J）[2]をE、マグニチュードをMとすると、次のような関係があります。

$\log_{10} E = 4.8 + 1.5M$

　この式は、マグニチュードがエネルギーの対数であることを利用して、マグニチュードから地震のエネルギーを求める式になっています。たとえばマグニチュード（M）が5なら、右辺は12.3になるので、エネルギー（E）は、10の12.3乗になります。ここから、エネルギーがマグニチュードの指数関数であることがわかります。

　マグニチュードが1増えると、右辺が1.5乗増えます。10の1.5乗は約32（31.62）なので、マグニチュード5の地震とくらべると、マグニチュード6の地震は約32倍、マグニチュード7の地震は約1000倍のエネルギーをもつことになります。東日本大震災をもたらした2011年3月11日の東北地方太平洋沖地震のマグニチュードは9.0でした。そのエネルギーは、マグニチュード5の100万倍だったことになります。

マグニチュード（M）とエネルギーの大きさ

M5：1　　M6：32倍　　M7：1000倍
（M5を1としたときの比較）

マグニチュードが1上がると32倍、2上がると1000倍にもなるんだ。

---

[1] この式は、E＝10^4.8×(√1000)^M の常用対数をとった、$\log_{10}E = \log_{10}\{10^{4.8}×(\sqrt{1000})^M\}$ を変形したもので、マグニチュード（M）が2増えると、エネルギーが1000倍増えるという定義になっている。10^4.8 は観測に基づいた定数。$\log_{10}(AB) = \log_{10}A + \log_{10}B$ という公式があるので〔例：$\log_{10}(100×1000) = \log_{10}100 + \log_{10}1000 = 2+3 = 5$〕、この式は次のように変形できる。$\log_{10}E = \log_{10}10^{4.8} + \log_{10}(\sqrt{1000})^M$。$(\sqrt{1000})^M = 10^{1.5M}$ なので、$\log_{10}E = 4.8 + 1.5M$。

[2] エネルギーを表す単位で「ジュール」という。1Jは、1W（ワット）の電力の1秒分のエネルギー。

第2章 数の関係を見つけよう

音圧レベルも対数関数

音圧レベル（dB）を求める式は
$$y = 20 \log_{10}\left(\frac{x}{a}\right)$$
y：音圧レベル(dB)　x：測定音圧(Pa)
a：最小可聴音圧(Pa)

音の大きさを表す音圧レベル（デシベル：dB）という単位があります。これは、人が聴ける最小の音（最小可聴音圧）の何桁大きいかという値に20をかけた値です。y を音圧レベル、x を測定音圧、a を最小可聴音圧として式で表すと、

$$y = 20 \log_{10}\left(\frac{x}{a}\right)$$

になり、対数関数になっています。

音圧は本来、圧力の単位 Pa（パスカル）で表すのですが、人が聴ける音圧の範囲が0.00002Pa（最小可聴音圧）〜20Pa（ジェット機の音圧）と幅広く、100万倍もちがうため、対数を利用しているのです。ちなみに、ささやき声は0.0002Pa ほどなので、$\log_{10}10 = 1$ により20dB、ジェット機の音圧は $\log_{10}1000000 = 6$ により120dBになります。

人の五感は対数関数？

五感とは、視覚、聴覚、味覚、嗅覚、触覚のことです。外部からの刺激に対する五感の反応（感じ方）は、刺激の強さに比例するのではなく、その対数に比例するという法則があります[*3]。

聴覚もそうですが、外部からの刺激は生死にかかわるものなので、人体は小さな刺激にも反応できるようになっているのです。たとえば、臭いを感じる嗅覚は、臭いの成分の量が半分になっても、臭いが半分になったとは感じません。臭いの成分が100から10（10分の1）になってようやく、半分になったと感じるのです。$\log_{10}100 = 2$、$\log_{10}10 = 1$ なので、対数関係であることがわかります。

辛味の感じ方にも、これと同じ関係があります。辛味は、味覚ではなく痛みを感じる痛覚です。人体にとって危険な刺激のためだと考えられます。この痛覚も、辛味の成分が10分の1になってようやく、辛味が半分になったと感じます。逆にいえば、2倍辛いカレーを食べたいときは、辛味の成分を10倍にしなければならないということです。

*3　ドイツの生理学者エルンスト・ウェーバーと弟子の物理学者グスタフ・フェヒナーが見つけた法則で、ウェーバー・フェヒナーの法則という。

スロープの勾配

三角関数

形にかかわる三角関数（➡20ページ）は、私たちの生活の中にもたくさんあります。いくつか紹介しましょう。

スロープのかたむき

勾配を表す式は

$$y = 100\tan x$$

y：勾配（％）　x：水平面に対する角度（°）

直角三角形に10％などの数が書いている道路標識を見たことがありますか。坂が急であることを示す警戒標識です。10％は割合が0.1という意味で、[高さ／水平の長さ]の割合、つまり、三角関数のtan（タンジェント）と同じ値を表しています。$\tan x = 0.1$（10％）になるような角度xを20ページの表で探すと、5°と6°の間になることがわかります。分度器で5°を測ると小さな角度ですが、坂道として見ると、横に10m進むと1m高くなるかたむきなので、急なことがわかります。このような、水平面に対するかたむきの度合いを「勾配[*1]」といいます。

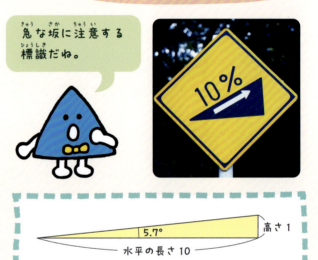

急な坂に注意する標識だね。

$$\frac{\text{高さ} 1}{\text{水平の長さ} 10} = 0.1 = 10\%$$

街や学校に設置する車いす用スロープの勾配は、バリアフリー法で12分の1以下にすることが決められています。つまり、

$$\tan x = \frac{1}{12}$$

になる角度x以下の、ゆるやかな勾配のスロープにしなければなりません。12分の1を小数で表すと約0.083なので、$\tan x$が0.083くらいになるxを20ページの表で探すと、4°〜5°になることがわかります。実際には約4.8°です。地面の水平面からの角度は実際には測れないので、tanの考え方を使って、水平の長さと高さを測れば、角度を計算することができます。

4.8°よりゆるやか

車いすは人を乗せているから、少ない力で動かせるほうがいいね。

[*1] 一般的には、水平距離に対する垂直距離の割合を百分率（％）で表すが、角度で表すこともある。

第2章 数の関係を見つけよう

ソーラーパネルの角度

太陽光パネルの支柱の長さを求める式は

$$y = a\sin x$$

y：支柱の長さ
a：太陽光パネルの縦の長さ
x：水平面からの角度

ソーラーパネルを設置するときは、太陽光がソーラーパネルに対して垂直にあたる角度にすることが重要です。ソーラーパネルは板状で、パネルの縦の長さが決まっているので、角度を調節するには支柱の長さを長くしたり短くしたりする必要があります。そこで活用されるのが、三角関数のsin（サイン）です。sinは直角三角形の［高さ／斜辺］の割合です。ソーラーパネルと地面と支柱を直角三角形と見ると、次の式で表すことができます。

$$\sin x = \frac{支柱の長さ}{パネルの縦の長さ}$$

たとえば、太陽高度が60°くらいだとすると、最適な角度は地面（水平面）に対して30°くらいです。20ページの表でsin30°を見ると、0.5なので、

$$0.5 = \frac{支柱の長さ}{パネルの縦の長さ}$$

となるようにすればよいことがわかります。パネルの縦の長さが1mなら、支柱の長さは0.5mです。

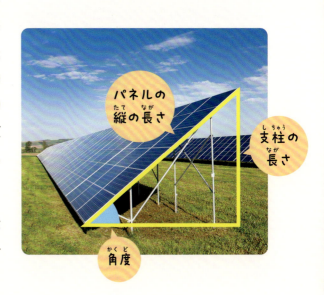

遊園地にも三角関数

観覧車のゴンドラが、数分後に地上から何mの位置にあるのかという問題も、三角関数で求めることができます。20ページでは三角関数を直角三角形で考えましたが、実際にはマイナスの角度や90°を超える角度も扱うことができます。そのときに使うのが、円です。右の図のような円の円周上の点Pはx座標をcos（コサイン）、y座標をsin（サイン）で表すことができます。半径が50m、1周に16分かかる観覧車で地上（0m）から出発したゴンドラのt分後の高さは、右のような三角関数のグラフで表されます[*2]。

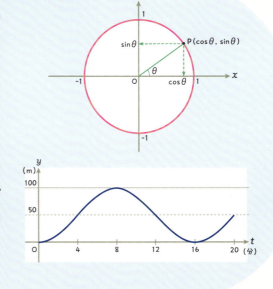

[*2] このグラフの式は、$y = 50\sin(\frac{360°}{16}t - 90°) + 50$ になる。8分後には、$\sin 90° = 1$（➡20ページ）になるので、100mになることがわかる。cosを使った式で表すこともできる。

本書に出てくる数学の基本と用語

中学生から学ぶ数学では、数の関係を、x、y、a、bなどの文字を使った文字式で表現することが多くなります。本書でもたくさん出てきます。

ここでは、おもに中学1年生の最初に学ぶ数学の基本と用語について説明しておきましょう。

正の数と負の数・絶対値

−3、−5.5のような0より小さい数を**負の数**といい、3、0.5のような0より大きい数を**正の数**といいます。

負の数は−(マイナス)をつけて表しますが、正の数も+(プラス)をつけて表すことがあります。+を正の符号、−を負の符号といいます。

0は正の数でも負の数でもありません。

正の整数のことを**自然数**ともよびます。

数直線上で、0からある数までの距離を、その数の**絶対値**といいます。

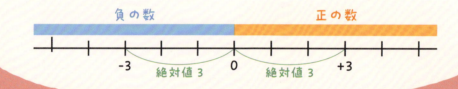

逆数

関連ページ 29ページ

積が1になる2つの数の一方を、他方の**逆数**といいます。

$$\frac{3}{5} \times \boxed{\frac{5}{3}} = 1$$

↑ $\frac{3}{5}$ の逆数

素数

関連ページ 22ページ

1とその数自身のほかに約数がない自然数を**素数**といいます。

ただし、1は素数にふくみません。

自然数

素数	素数ではない数
2 3 5 7 11 13 17 19 など	1 4 6 8 9 10 12 14 など

関連ページ 13ページ以降

文字式

文字を使った式を**文字式**といい、文字式で積や商を表すときは、次のようにします。

1 かけ算の記号×を省く。

$x × y = xy$

＊本書では、かけ算であること明確にするために「×」を入れている箇所があります。

2 文字と数の積は数を文字の前に書く。

$a × 3 = 3a$

3 同じ文字の積は指数を用いて書く。

$a × a × 3 = 3a^2$

4 1と文字の積は1を省く。−1と文字の積は−だけを書いて1を省く。

$1 × a = a \qquad -1 × x = -x$

ただし、0.1や0.01の1は省きません。

$0.1 × a = 0.1a \qquad 0.01 × a = 0.01a$

5 記号÷を使わずに、分数の形で書く。

$a ÷ 3 = \dfrac{a}{3} \qquad (a+b) ÷ 3 = \dfrac{a+b}{3}$

$2x ÷ 3 = \dfrac{2x}{3} \quad (\text{または}\ \dfrac{2}{3}x)$

文字式にはたくさんのルールがあるね。文字式の読み方になれておこう。

関連ページ 18ページ

累乗

同じ数をいくつかかけたものを、その数の**累乗**といいます。

$2 × 2$は2^2と表し、2の2乗と読みます。$2 × 2 × 2$は2^3と表し、2の3乗と読みます。また、右上に小さく書いた数を**指数**といい、かけた数2の個数を表します。

$\underbrace{2 × 2 × 2}_{3個} = 2^3 \leftarrow 指数$

右上の小さい指数が、何回かけたかを表すんだね。

関連ページ 13ページ以降

項、係数、次数

$2a+1$、$3x-2$などの文字式で、$2a$、$+1$、$3x$、-2のそれぞれを式の**項**といい、数字だけの項を**定数項**といいます。

また、文字をふくむ項で、文字にかけられている数字のことを**係数**、かけ合わされている文字の数のことを**次数**といいます。たとえば、$3x$の係数は3、次数はxの文字1つだけなので1、$4x^2$の係数は4、次数はxとxの2文字がかけ合わされているので2になります。

係数4　係数3
↓　　　↓
$4x^2 + 3x + 5$
↑　　　↑　　↑
次数2　次数1　定数項

代入

関連ページ 13ページ以降

式の中の文字に数をあてはめることを**代入**するといい、代入して計算した結果を**式の値**といいます。

たとえば、$2x+5$ の式に $x=3$ を代入したときの式の値は、以下のようになります。

$2x+5$
↓ x に3を代入する
$2 \times 3 + 5 = 11$
　　　　　　　式の値

等式と方程式

関連ページ 13ページ以降

記号＝のことを**等号**といい、等号を用いて数量が等しい関係を表した式を**等式**といいます。また、等式で等号（＝）の左側の式を**左辺**、右側の式を**右辺**、左辺と右辺を合わせて**両辺**といいます。

下の等式は、文字 x に代入する値によって、成り立ったり成り立たなかったりします。このように、まだわかっていない数を表す文字（この式では x）をふくむ等式を**方程式**といいます。

また、方程式を成り立たせる値を、その方程式の**解**といい、その解を求めることを、**方程式を解く**といいます。この方程式の解は2になります。

関数の式は x と y の関係を表す式で、方程式は等式を成り立たせる x を求める式だよ。

座標とグラフ

関連ページ 13ページ以降

数学では、負の数まで表すために、右の図のように、垂直に交わる2つの数直線を考えます。横の数直線を **x 軸**、縦の数直線を **y 軸**、両方を合わせて**座標軸**といいます。座標軸が交わる点Oを**原点**といい、2つの数直線の0を表す点です。座標軸を決めると、$x=3$、$y=2$ のような x と y の値の組に対応した点Aが決まります。この数の組（3, 2）を点Aの**座標**といい、3を x 座標、2を y 座標といいます。

このような点をたくさんとると、点の全体が線になり、x と y の関係を示すグラフになります（右下の図）。これは、関数の関係を満たす x と y の値をすべて表したものです。

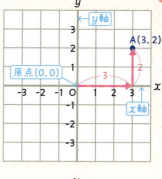

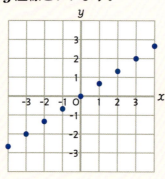

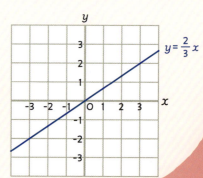

54

さくいん

＊同じ見開きの中で何度も出てくる用語は、最初に出てきたページをのせています。

英数字・記号

1次関数 …… 16・18・31・34・37・38・44
2次関数 …… 18・43・44
％（パーセント） …… 10・26・50
cos（コサイン） …… 20・51
log（ログ） …… 19・48
sin（サイン） …… 18・20・51
tan（タンジェント） …… 20・50
x軸 …… 54
y軸 …… 54

あ

右辺 …… 48・54
黄金比 …… 24

か

解 …… 54
階段関数 …… 40
関数 …… 12・14・16・18・20・32・34・40・46・54
気温 …… 38
逆数 …… 29・52
逆比 …… 29
曲線 …… 15・18
空走距離 …… 44
グラフ …… 13・14・16・18・21・37・39・40・47・51・54
係数 …… 45・53
原点 …… 14・54
項 …… 53

さ

最小公倍数 …… 22
座標 …… 54
座標軸 …… 54
左辺 …… 54

三角関数 …… 20・50
三角関数表 …… 20
三角比 …… 18・20
式 …… 13・14・16・18・21・30・32・35・36・38・42・44・46・48・50・53・54
式の値 …… 54
指数 …… 19・53
次数 …… 53
指数関数 …… 19・39・46・48
自然数 …… 52
周波数 …… 47
出力 …… 32
制動距離 …… 44
正の数 …… 52
絶対値 …… 52
切片 …… 17
双曲線 …… 15
相似 …… 11・26
相似比 …… 11・26
素数 …… 22・52
素数ゼミ …… 22

た

大気圧 …… 38
対数 …… 19・48
対数関数 …… 19・48
体積比 …… 27
単位 …… 16・39・46・48
代入 …… 13・31・54
定数 …… 18・36
定数項 …… 16・53
停止距離 …… 44
等号 …… 54
等式 …… 54

は

白銀比 …… 25

反比例 …… 15・32・35
比 …… 11・20・24・26・28
百分率 …… 10・50
表 …… 13・16・18・42・45・50
標高 …… 38
比例 …… 14・16・18・30・34・36・45・49
比例定数 …… 14・18・30・32・34・36・45
負の数 …… 15・16・52・54
フレームレート …… 35
変域 …… 16・37
変化の割合 …… 16
変数 …… 13・16
方程式 …… 54

ま

マグニチュード …… 48
面積 …… 15・26・36・39
面積比 …… 26
文字式 …… 13・52

や・ら・わ

約数 …… 22・52
両辺 …… 29・54
累乗 …… 53
割合 …… 10・16・29・50

監修者紹介 　**清水 美憲**（しみず よしのり）

1961年、長野県生まれ。筑波大学第一学群自然学類（数学主専攻）卒業。筑波大学大学院博士課程教育学研究科単位取得退学。東京学芸大学教育学部助手、同助教授、インディアナ大学客員研究員、筑波大学人間総合科学研究科学校教育学専攻准教授などを経て、筑波大学人間系教授。博士（教育学）。日本数学教育学会会長、新算数教育研究会会長、東京書籍の小学校算数科教科書、中学校数学科教科書の編集代表、日本学術会議連携会員（数理科学委員会）等歴任。研究分野は、数学の学力評価と授業の国際比較研究。監修書に『目でみる算数の図鑑』（東京書籍）がある。

構成・編集・執筆 　**株式会社 どりむ社**

一般図書や教育図書、絵本などの企画・編集・出版、作文通信教育「ブンブンどりむ」を行うほか、発達障害児向け学習教材システム「my learning habit〈マイラビ〉」を運営。絵本『ビズの女王さま』、単行本『楽勝！ ミラクル作文術』『いますぐ書けちゃう作文力』などを出版。『小学生のことわざ絵事典』『統計と地図の見方・使い方』『土の大研究』『流域治水って何だろう？』『身近な自然現象大研究』『微生物のはたらき大研究』（以上、ＰＨＰ研究所）、『ぜったい算数がすきになる！』『ぜったい社会がすきになる！』（以上、フレーベル館）などの単行本も編集・制作。

イラスト 　**キタハラケンタ**

主な参考文献（順不同）

『関数とはなんだろう』（講談社）、『おもしろいほどよくわかる高校数学 関数編』『身近なアレを数学で説明してみる』（以上、SBクリエイティブ）、『関数のはなし（上）』（日科技連出版社）、『14歳からのニュートン超絵解本 三角関数』『14歳からのニュートン超絵解本 対数』（以上、ニュートンプレス）、『アートのための数学』（オーム社）、『素数ゼミの謎』（文藝春秋）

※その他、各種文献、各専門機関のホームページを参考にさせていただきました。

数の関係大研究
黄金比から比例、対数関数まで

2025年1月23日　第1版第1刷発行

監修者　清水美憲
発行者　永田貴之
発行所　株式会社ＰＨＰ研究所
　　　　東京本部　〒135-8137　江東区豊洲 5－6－52
　　　　　　　　　児童書出版部　☎03-3520-9635（編集）
　　　　　　　　　普及部　☎03-3520-9630（販売）
　　　　京都本部　〒601-8411　京都市南区西九条北ノ内町11
　　　　PHP INTERFACE　https://www.php.co.jp/
印刷所
製本所　TOPPANクロレ株式会社

©PHP Institute, Inc. 2025 Printed in Japan　　　ISBN978-4-569-88200-0

※本書の無断複製（コピー・スキャン・デジタル化等）は著作権法で認められた場合を除き、禁じられています。また、本書を代行業者等に依頼してスキャンやデジタル化することは、いかなる場合でも認められておりません。
※落丁・乱丁本の場合は弊社制作管理部（☎03-3520-9626）へご連絡下さい。送料弊社負担にてお取り替えいたします。

NDC413　55P　29cm

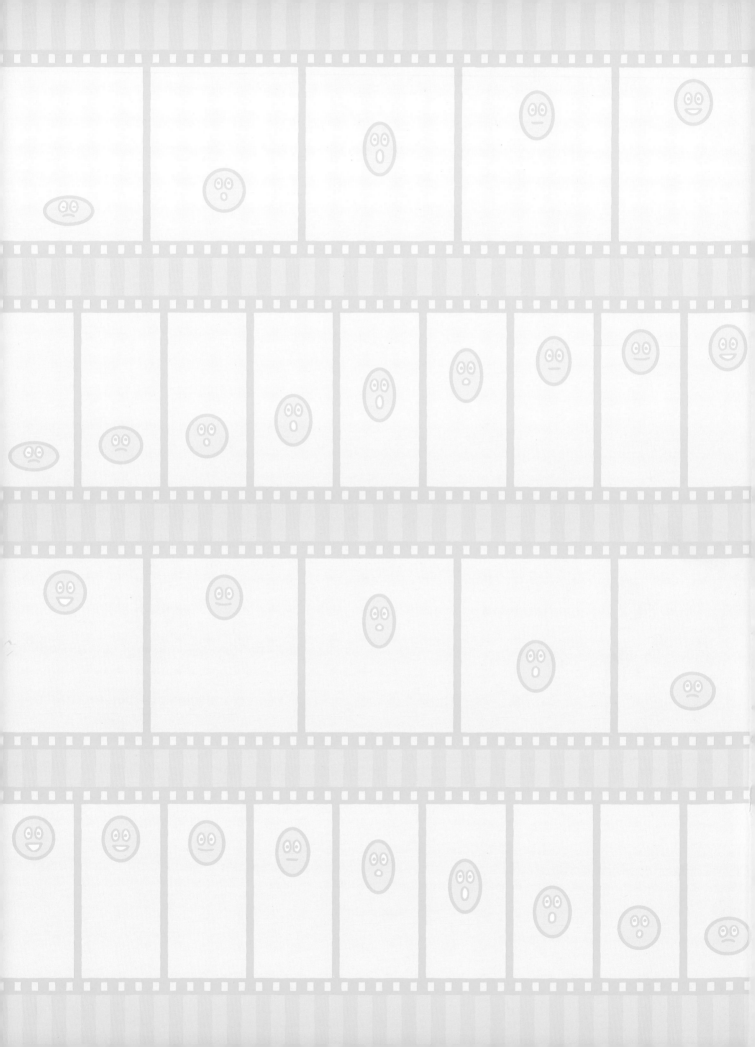